你就是下一个被辞退者

——老板绝对告诉过你的 **40** 个辞退理由

周锡冰◎编著

中国物资出版社

图书在版编目（CIP）数据

你就是下一个被辞退者：老板绝对告诉过你的40个辞退理由／周锡冰编著.
—北京：中国物资出版社，2011.9
ISBN 978-7-5047-3976-6

Ⅰ.①你…　Ⅱ.①周…　Ⅲ.①成功心理—通俗读物　Ⅳ.①B848.4-49

中国版本图书馆 CIP 数据核字（2011）第 176383 号

策划编辑	范虹轶	**责任印制**	方朋远
责任编辑	黄　华	**责任校对**	孙会香　杨小静

出版发行　中国物资出版社
社　　址　北京市丰台区南四环西路 188 号 5 区 20 楼　　**邮政编码**　100070
电　　话　010-52227568（发行部）　　　　010-52227588 转 307（总编室）
　　　　　　 010-68589540（读者服务部）　　010-52227588 转 305（质检部）
网　　址　http：//www.clph.cn
经　　销　新华书店
印　　刷　三河市西华印务有限公司
书　　号　ISBN 978-7-5047-3976-6/B·0289
开　　本　710mm×1000mm　1/16
印　　张　14　　　　　　　　　　　　　　**版　　次**　2011 年 9 月第 1 版
字　　数　209 千字　　　　　　　　　　　**印　　次**　2011 年 9 月第 1 次印刷
印　　数　0001—4000 册　　　　　　　　　**定　　价**　32.00 元

目　录

理由 1　泄露公司商业机密

> 出卖公司机密就等于出卖了自己的前程。或许你认为没有那么严重，然而现实的结果是比这还要严重很多。
>
> ——美国地产大亨　唐纳德·特朗普

在这个就业形势急剧恶化的时代，北京华夏圣文管理咨询公司对 1500 名老板做过一个关于"最容易被辞退的员工"的调查，调查结果显示排在第一位的就是"泄露公司商业机密"。

事实上，对于任何一个老板来说，他们最忌讳的就是"吃里扒外"。那么，对于企业来说，什么才是商业机密呢？商业机密的范围很广，任何与社会竞争、经济利益相关的特定信息都可能构成商业机密，如产品配方、工艺程序、研发材料、机器设备改进方案、图纸、客户资料、财务数据、商业计划书等。同时，商业机密是特指不为公众所知悉，能为权利人带来经济利益，具有实用性，并经权利人采取保密措施的技术信息和经营信息。

对于任何一个公司来说，很多信息都是具有商业价值的，必须严防死守，员工如果泄露了机密，会给公司带来不可预料的损失，有时还会受到法律的追究，不管员工是刻意的还是无意的。因此，身在职场，要守住公司商业秘密就非常重要，不该问的不问，不该说的不说，公司的各种事情都不可以随便张扬，要绝对守口如瓶。

遗憾的是，在许多企业中商业机密的泄密事件每天都在发生。对于这种信息流失，企业和员工却有可能全然不知，如作为员工在对外合作中无意中就透露了商业机密。不要忘了"说者无心，听者有意"。要避免"祸从口出"，就要从每个员工开始树立起保密意识，并且要身体力行，从而有效地杜绝商业机密的泄露。

在我们进入一家新公司上班时，老板就不止一次地告诫新员工，要保守商业机密。因此，保守商业机密，是员工取信于老板的重要因素。如果员工思想松懈，经常有意无意地造成泄密，轻则会给公司带来不必要的损失；重则会给公司造成致命的打击，造成不可挽回的影响。所以，对于员工来说，守住公司的机密，就是守住了自己的饭碗。一个泄露公司机密的员工即使才华横溢也不会成功，这样的员工是无法赢得老板信任的，老板也不可能给予重要的岗位，提拔就更不可能了。任何一个老板都不会喜欢泄露商业机密的员工。事实也表明：泄露商业机密其实也是在背叛自己，严重的可能被判处数十年的刑期，这样的代价实在是太大了。不信，我们从一个真实案例开始谈起。

林晓文是深圳一家 IT 公司的技术部经理，能说会道，且做事果断，有魄力，老板很器重他。

有一天，一位来自日本的商人请林晓文到酒吧喝酒。几杯酒下肚，日本商人对林晓文说："我想请你帮个忙。"

"帮什么忙？"林晓文奇怪地看着这个并不是很熟悉的日本商人问道。

日本商人说："最近我和你们公司在洽谈一个合作项目。如果你能把相关的技术资料提供给我一份，这将会使我在谈判中占据主动地位。"

"什么，你让我做泄露公司机密的事?"林晓文皱着眉头，显然这对他来说有些为难。

日本商人压低声音说："你帮我的忙，我是不会亏待你的。如果成功了，我给你100万元报酬。还有，我会为这件事情保密，对你不会有一点儿影响。"

说着，日本商人就把100万元的支票递给了林晓文。林晓文最终还是心动了。

在其后的谈判中，林晓文所在的公司非常被动，直接经济损失上亿元。

公司为此展开调查，查明了真相，并且把林晓文告上了法庭。最终林晓文被判处无期徒刑。本来可以大展宏图的林晓文不但因此失去了工作，还被判处无期徒刑，就连那100万元也被公司追回以赔偿损失。

林晓文懊悔不已，但为时已晚。

在本案例中，老板很欣赏林晓文出众的才华，还想着力培养林晓文，但这件事情发生后，尽管老板很为林晓文的才华惋惜，但显然公司不可能容忍林晓文为了一己私利泄露公司机密，这种行为不仅是对公司的背叛，还给林晓文自己造成了污点，使自己的职业生涯笼罩上一层难以抹去的阴影，显然是不值得的。

事实上，对于职场上的任何一个人，出卖公司机密就等于出卖了自己的前程。或许你认为没有那么严重，然而现实的结果是比这还要严重很多。像林晓文这样的例子不胜枚举。作为员工，总会知道公司的一些商业机密，有的甚至是决定公司命运的机密，在这样的情况下，严守公司商业机密不仅是员工的基本行为准则，也是事关自己职业前途的一个重大考验。

据国外媒体报道，美国马萨诸塞州联邦检察官2008年11月提起指控，称英特尔前工程师比斯瓦默罕·帕尼（Biswamohan Pani）在为 AMD 工作期间窃取了英特尔价值 10 亿美元的商业机密。

检察官对帕尼提起了五项罪名的指控，称其在 2008 年 6 月为期四天的休假时间里，从英特尔的加州电脑系统中非法下载了十几份机密文件。当时帕尼已经向英特尔辞职，但尚未从在册员工中被除名，在休完未用假期前还能进入英特尔的电脑系统。他向上司谎称将利用假期寻觅一份对冲基金的工作，但实际上已经开始为 AMD 工作。在这几天时间里，帕尼同时是 AMD 和英特尔的在册员工。

检察官称，AMD 对帕尼的行为并不知情，没有从中受益，但按研发成本计算，帕尼下载的信息价值超过 10 亿美元，其中包括微处理器设计方法等细节。这项指控称："不管雇主是否知情，帕尼都计划在时机来临时拿出这些信息，帮助他在 ADM 或其他公司得到提升。"

帕尼向调查者表示，他无意损害英特尔的利益，而是将这些信息给了他的妻子，后者仍任职于英特尔。帕尼的律师拒绝就此置评。

AMD 称，该公司正在协助调查，并发表声明称："AMD 并未受到任何指控。FBI 已经表示，没有证据表明 AMD 与此事有关或知晓帕尼的非法活动。"

英特尔在全球微处理器市场上占有 80% 的份额，AMD 则占有剩余份额，而芯片设计方法则是这两家公司保守最严的商业机密之一。

此前，波士顿地区法庭已经于 2008 年 8 月对帕尼提起了一项罪名的指控，称其有非法窃取商业机密的行为，警方的指控则新加了四项电汇欺诈罪名。如果窃取商业机密的罪名成立，则帕尼可能入狱最多十年。

（案例来源：新浪网，作者：唐风）

的确，在诱惑颇多的今天，企业员工很容易出卖商业机密而满足自己的私利。泄露公司机密者，表面上看来可以使自己暂时从中受益，但一旦事情败露，受伤的只能是自己。通过调查发现，泄密者的下场大都是站在被告席上的。不但所得的好处要全数充公以赔偿公司的损失，而且还使自己在身败名裂的同时受到法律的制裁。我们常会在报纸等媒体上看到一些员工由于泄露公司商业机密而与企业对簿公堂，甚至有一些员工因此锒铛入狱。

美国一家法院2007年5月23日以窃取商业机密的罪名，判处可口可乐公司一名前秘书8年监禁。这名女秘书2006年窃取可口可乐机密文件和产品样品，试图伙同另外两人将机密出售给百事可乐公司。

美联社报道说，法院判罚严厉，显示了对知识产权保护的重视。与此同时，宣判再次引起人们对可口可乐神秘配方的好奇。

这名女秘书是42岁的何亚·威廉斯，曾在可口可乐公司当行政助理。同案犯易卜拉欣·迪姆松被判处5年有期徒刑，另外一名案犯埃德蒙·杜汉尼将另外宣判。此外，威廉斯和迪姆松还分别被判向可口可乐公司赔偿4万美元。

美联社报道说，尽管威廉斯在法庭上道歉，恳求法院轻判，但亚特兰大地区法院法官欧文·福里特斯不为所动，8年超出了联邦检察人员的建议刑期。

威廉斯当庭对自己的罪行道歉，说自己不是有意蔑视法律。她说："这次惨痛的经历，让我觉悟到更多，这个时刻对我的一生意义非凡。我从来不想出名，现在却臭名远扬。"

福里特斯说："选择产生后果，她自己做出了那些选择。她自己选择受到审判，而且在法庭上撒谎。"

威廉斯在审判初期辩称自己无罪。同时，威廉斯的律师多次宣称威廉斯没有前科，但法庭后来发现威廉斯曾两次被定罪。这桩商业机密盗窃案发生在2006年，地点是可口可乐公司位于亚特兰大的总部。美国联邦调查局参与其中，案情包括机密文件失窃、告密、密谈、警方圈套等，颇具戏剧性。

威廉斯先是窃取了可口可乐公司一种新产品的机密材料和样品，藏进手提包里带出总部大楼，随后将这些材料和样品交给迪姆松和杜汉尼。

迪姆松随后给百事可乐公司写信，声称自己是可口可乐公司高级雇员，手中有百事可乐公司感兴趣的机密材料。美联社报道说，迪姆松最终的要价高达150万美元。

他们没料到的是，百事可乐公司将此事告知了竞争对手可口可乐公司，后者立即向联邦调查局报案，并很快通过总部办公室内部监控录像查出"内鬼"威廉斯。

联邦调查局随后设计圈套，派出特工化装成百事可乐公司高级员工与迪姆松接头。迪姆松向百事可乐公司发送了14页印有"机密"标记的可口可乐公司内部文件，并先后接受了特工支付的5000美元和3万美元。在掌握足够证据后，联邦调查局于2006年7月将迪姆松等三人逮捕。

美联社报道说，威廉斯窃取了可口可乐公司一种尚未上市的新产品的信息和样品，但并不是可口可乐公司颇具神秘色彩的配方。配方是可口可乐公司的最高机密，据说存放在亚特兰大一家银行的保险箱中，只有可口可乐公司高层两三个人可以接触到。

美联社报道说，配方没有申请专利，因为专利在20年后就可以作为公共信息公开，公司版权也会在公布95年后或创造120年后过期。像可口可乐这样的大公司对商业机密采取严格保密的做法，并对员工背景严格调查，防止泄密。此外，案件也反映出知识产权的重要性。亚特兰大地区法院法官福里特斯23日在宣判后说："当全球经济进入市场时代后，保护知识产权对于美国公司和美国经济成长至关重要。"

（案例来源：中国网，作者：韩建军）

　　在上述几个案例中，当事人大都本来有一个不错的职业前景，只是因为他们泄漏了公司的商业机密，结果被送进监狱，从而葬送了美好的职业前途。因此，作为一名合格的员工，千万不要忘记自己有为公司保守商业机密的责任和义务，不仅需要为公司创造利益，有时还需要在牺牲自己利益的情况下为公司创造价值。只有公司发展了，你才会有提拔的机会，万万不可越位。有时，公司与你个人在利益上也会发生冲突，这时你千万不能把公司利益置之度外，使自己糊涂一时。一个有职业道德的员工，心里要有一条准则：可为与不可为。假如为了一己私利而泄露公司机密，都将为自己的这种行为付出代价。

　　作为一个企业的员工，一定要做到守口如瓶，不扩散公司内部消息，谨防无意泄露。泄露公司机密最终只能是祸及自身。保守公司机密，对于每一位员工都是第一重要的。在任何时候、任何情况下，都不能泄露公司机密。我们一定要培养一种职业习惯，不随便在朋友或亲人面前透露公司商业机密，更不能因利益驱动而泄露公司的商业机密。

理由 2　事事抱怨

停止抱怨，你就已经在通往你想要的生活的路上了。

——《不抱怨的世界》作者　威尔·鲍温

从我们每一个人进入企业那一天起，老板不止一次告诉我们每一个职场人士，少抱怨，多干些实事。然而，很多职场人士却充耳不闻，结果就出现了在职场中，很多人虽然才华横溢，但在企业里长期得不到提升，为什么呢？因为他们总是抱怨不休。他们动辄抱怨被老板盘剥，抱怨自己是替老板赚钱的工具；或者感叹自己才高八斗，却总得不到老板的赏识；抱怨工作乏味，抱怨老板苛刻……他们习惯了抱怨，在抱怨中得到了暂时的快感，但是却关上了晋升的大门，结果形成一个可怕的恶性循环，最终被老板辞退。在这里，我们从一个真实的案例谈起。

2008 年金融危机之后，中国经济率先复苏，深圳正齐公司为了抓住机会，决定招兵买马，在 2010 年扩大规模。

一天，总经理霍正齐正组织面试，面试的人中来了一个他当年的大学同学陆文军，由于好久没见面了，彼此都很高兴，免不了一番促膝长谈。

在谈话中，霍正齐了解到，陆文军竟然被深圳某知名公司辞退了。霍正齐十分吃惊，实在有些不敢相信这是真的。

事后，霍正齐从深圳某知名公司董事长那里知道了事情的原委。

刚开始，董事长很器重陆文军，上班后不久，便提拔陆文军当了研发部经理，一年半以后，又提拔陆文军当了董事长助理。陆文军的能力很强，不过，陆文军有一个缺点，就是讲话不太注意，喜欢发牢骚。

这一点董事长早有耳闻，只是觉得人无完人，只要能改正，还是可以重用的。但是，自从做了董事长助理，陆文军不仅没改掉自己的缺点，反而变本加厉，甚至当着董事长的面抱怨不休。

于是，董事长开始渐渐冷落陆文军，先是免去了陆文军董事长助理的职务，后来又免去了陆文军研发部经理的职务。

陆文军不但没有收敛，反而变本加厉，牢骚话更多了。不但自己消极怠工，还影响别人做事，董事长再三考虑，还是辞退了陆文军。

陆文军被辞退之后，又应聘了几家单位，都被录用了。刚开始，几家单位的老板都很重视他，可是，陆文军爱发牢骚的老毛病改不了，结果同样是遭到了冷落。陆文军受不了冷落，一气之下就又不干了。这不，陆文军还是拿着简历到处去面试了。

陆文军本来有一个很令人羡慕的未来，却因为自己的抱怨葬送了。在本案例中，我们不禁要问，抱怨能改变你的命运吗？不能，它只能使你更加颓废。一个只知道抱怨的人，只能重复过去的不幸，加重你的负面心情和不满情绪，更重要的是会改变人们的思想意识和价值取向，使人在迷茫中错失机遇，终生无所作为。

就像上述案例中，陆文军如果能够吸取教训，不发牢骚，应聘其他单位，会比继续留在原单位更有前途。

抱怨不仅是人性的迷茫，更是人性的溃疡。特别是在我们的团队中，抱怨是最严重的内耗，不仅让抱怨者丧失斗志，也会让同事们失去信心。所以，我们要保持良好的心态，学会自我转移焦点，不仅能磨炼我们的意志，也能使我们更好地适应生活。

孙丽目前在中关村一家计算机公司做高级程序员。她之所以离开以前的公司，主要是因为她在同事跟前抱怨老板，传到老板的耳朵里后，老板处处排挤她，逼得她不得不辞职走人。

事情是这样的。一次，老板交给孙丽一个难度很大的任务，并事先跟她声明："这件事难度大，你敢不敢承担？敢不敢接受挑战？"尽管孙丽明白自己的实力，但她觉得在公司中老板主动找她征求意见，说明老板器重自己，所以孙丽一咬牙就接受了。

由于老板给的期限较短，孙丽的确没能按时完成任务。孙丽遭到了老板批评，并受到经济处罚。

可孙丽感觉自己非常委屈，也很气愤。孙丽认为：既然任务这么艰巨，做不完本是意料中的事。自己当时那么努力，没做完也不该算是工作失误。

"老板真过分，这么短的时间里，让我干那么难的活儿。我都说做不了，可他非让我做，没做完还罚我。"事后，孙丽跟身边同事都这么抱怨。

正当孙丽抱怨时，老板又把一个难度更大的任务交给她，并说："这里我是老板，下属只有服从，不许抱怨。我不养白吃饭的人，适应不了就走人。如果你这次再完不成任务，就要考虑是否该换一份自己力所能及的工作了。"

不久，孙丽被老板辞退了。

事实上，没有人喜欢满腹牢骚的人。谁都愿意同乐观开朗、生活态度积极的人交往。在我们沮丧时，也要向老板和同事显出快乐的一面。一个人在职场中打拼，要想成就一番事业，除了要有能力外，还要有涵养，不能动不动就发牢骚，要知道，职场不欢迎牢骚者，没有老板喜欢爱发牢骚的"刺儿头"。

研究发现，那些曾经被老板提拔、在事业上取得成功的人，往往不是幸运之神的宠儿，反而只是一些工作在平凡岗位上的普通员工。但是和一般人不同的是，他们从不抱怨公司，而是认真干好自己的工作，最终通过努力来证明自己的价值。所以，不要抱怨自己没有机会，应该扪心自问，在机会真正来临的时候，你在干什么？你认真思考过怎样把自己的工作做到最好，成为行业精英吗？你是否把对别人职位和薪水的羡慕转化成努力工作的动力，而不是抱怨呢？如果你能在工作岗位上兢兢业业、不断进取、全力付出，相信机会降临在你头上的时候一定不会轻易溜走。在这里，我们来看看笔者在给北京一家企业做培训时见过的一个真实案例。

北京 A 公司招聘了上百名营销人员。两个月后，A 公司淘汰掉了其中的 2/3。但是，其中一位只有高中学历的、名叫戴琳的女孩却被留下来了。

在试用期间，A 公司安排戴琳做促销。刚开始干促销时戴琳感到困难重重，从早忙到晚也没搞定一份订单，有时候戴琳真想不干了。

幸好，往往这时候戴琳就会想到笔者给他们做培训时讲过的一个营销故事——乔治·赫伯特把斧头卖给布什总统。

戴琳细想下来，要说艰难，其他工作也很艰难，何况这个工作还是自己好不容易通过层层面试才争取来的。想到这儿，戴琳就会对自己说，咬紧牙关坚持住，困难很快就会过去的。

就这样，戴琳最终通过了试用期。因为刻苦、诚信，戴琳的客户越来越多。

半年后，戴琳当上了销售主管，管理着 15 个销售人员。

在上述案例中，戴琳的成功就是放弃抱怨，努力工作换回来的。不少员工总是在想着自己"应该要什么",抱怨自己"没有得到什么",却没有问自己为了从事的职业自己还缺乏什么,可能要付出什么,做得够不够。

我们为什么会抱怨呢?在《不抱怨的世界》一书中谈道:"我们之所以会抱怨,就和我们做任何事情的理由一样:我们觉察到抱怨会给我们带来好处,或至少不觉得这样做会带来什么坏处。"

事实上,抱怨的人希望通过抱怨得到好处的情形大致有几种。

第一,希望通过抱怨改变身边的人,一般是针对最亲近的人。

第二,希望通过抱怨获得同情和帮助,一般是对于较自己位置高的人。

第三,希望通过抱怨表现自己的优秀,一般是与自己处于同等地位或在自己下位的人。这种抱怨一般都是我们有意识地说出来的抱怨。

第四,无意识地说出来的抱怨,比如抱怨堵车、抱怨天气不好、抱怨电视广告太多,说这些话时很明显我们知道并不能解决问题,天气不会因为我们抱怨就好起来,电视广告也不会因为我们抱怨就减少,我们只是说说而已,觉得说说无妨,并不担心抱怨会有什么不好。

抱怨不是解决问题的根本所在,只有自己将工作做好了,才是赢得老板提拔的关键。如果整天抱怨,也是无用的。不信,我们拿一个笔者培训过的企业来分析。

一天,笔者站在一家商店出售皮鞋的柜台前,和受雇于这家商店的一名年轻人聊天。他告诉笔者说,他在这家商店服务已经7年了,但由于这家公司的老板"目光短浅",他的工作业绩并未得到赏识,他非常郁闷。但同时,他似乎对自己很有信心:"像我这样一个学历不低、年轻有为的小伙子,还愁找不到一个体面而有前途的工作?!"

正说着,有位顾客走到他面前,要求看看袜子。这位年轻店员对这位顾客的请求不理不睬，仍继续和我发牢骚。虽然这位顾客已经显出不耐烦的神情，但他还是不理。最后，等他把话说完了，才转身对那位顾客说："这儿不是袜子的专柜。"

那位顾客又问袜子专柜在什么地方。这位年轻人回答说："你问总服务台好了，他会告诉你怎样找到袜子专柜。"

7年来，这个内心抑郁的可怜的年轻人一直不知道自己为什么没有遇到"伯乐"，没有得到升迁和加薪的机会。

3个月后，当我再次光顾这家商店时，没有再看见那位满腹牢骚的小伙子。商店的另一名店员告诉我，上个月，公司人员调整时，他被解雇了。"当时，他非常震惊，也非常激动和气愤……"

几个月后，一个偶然的机会，我在一条繁华的商业街上，又碰见了那个小伙子。他心情有些沉重，一改往日的"意气风发"。他说，时下经济不景气，找了几个月工作都没有找到满意的……

说完，他匆匆离去，说是要去参加一个面试，虽然工作性质与原来的没有什么不同，薪水也不比原来的高多少，但他还是很珍惜这个机会，一定不能迟到。

就像上述案例中的那个小伙子，与其抱怨别人，不如通过行动来改变自我。当我们学会检讨自己，心情也会变得开朗，当不抱怨变成一种个性的特质，最大的受益者还是我们自己。

事实证明，通过抱怨改变别人是不现实的。古人讲"上行下效"，"身教则从，言教则讼"，《论语》中说，"其身正，不令而行；其身不正，虽令不从"。对此，阿里巴巴创始人马云在接受媒体采访时强调："不抱怨的态度是人生的第一态度。"

笔者非常赞同马云的说法，马云讲得非常有道理。我们不能将眼光只着眼于眼前的困境，而是要用发展的眼光看到未来，看到漫长的生命历程。正如《不抱怨的世界》一书所说："停止抱怨，你就已经在通往你想要的生活的路上了。"无论如何，始终记住：既然做了选择，就要积极地走下去，勇敢地面对前进道路中的各种不确定。

事实上，很多时候我们的态度决定着我们的选择，我们的选择决定着我们的人生。人生哪有一帆风顺，即便生活带给我们的是困苦与艰难，也要学会坚强，多一点赞赏，少一点抱怨，多一点宽容，少一点指责，端正自己的人生态度，把抱怨变成善意的沟通、合理的建议、积极的行动，同样可以升华自我。

理由 3 从不注意职业形象

"看起来像个成功者和领导者"在你的事业中会为你敞开幸运的大门，让你脱颖而出。

——《你的形象价值百万》作者 英格丽·张

在很多场合，笔者接触了不少老板，私下问过他们老板最不喜欢哪几种员工，答案中就有从不注意职业形象的员工。可能有人认为，只要工作能力足够强，不怕老板不在乎。

如果你真有这样的想法，你就应该注意了。因为你的想法大错特错，因为不同工作对职业形象的要求程度截然不同。如果你刚好从事一项对职业形象要求较高的工作，而你又不注重，总是邋遢不堪，那么你就可能被老板辞退。或许你认为笔者是在小题大做，但是笔者是询问了数十个老板得出的结论，请不要瞎猜疑。

的确，在这个讲究规范的社会里，职业形象同样被列为其中。对此，业内专家撰文指出："成功的职业形象不一定保证你在职场上游刃有余，但是邋遢的职业形象绝不会得到老板的青睐。员工想得到老板的认可，除了能力之外，其职业形象也是非常重要的。如果你想事业成功，那么，你就必须注重职业形象，否则，一切免谈。"商业心理学的研究表明：人与人之间的沟通所产生的影响力和信任度，来自语言、语调和形象三个方面。但它们的重要性所占比例是：语言占7%，语调占38%，视觉（即形象）占55%（见下图）。

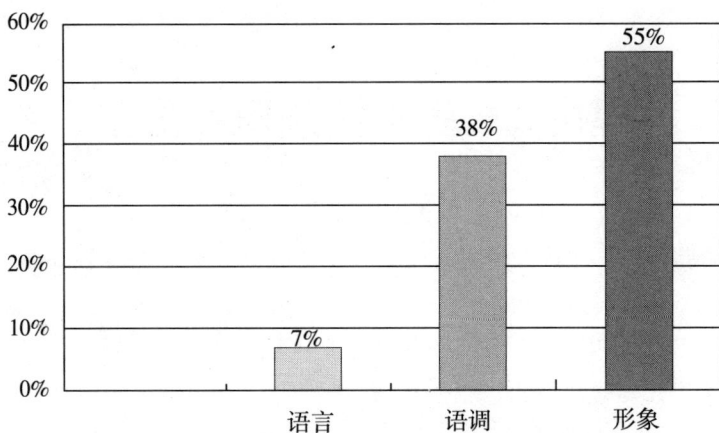

语言、语调和形象在沟通中所产生的影响力和信任度

事实证明，在当今激烈的职场竞争中，一个人的职业形象远比人们想象的重要。职业形象是每一个职业人必须解决好的问题。因此，职业形象对于职场人士来说不仅非常重要，而且还影响着职场人士的未来。知名形象设计师鞠瑾女士认为："职场中一个人的工作能力是关键，但同时也需要注重自身形象的设计，特别是在求职、工作、会议、商务谈判等重要活动场合，形象好坏将决定你的成败。"

的确，在这个越来越眼球化的社会，一个人尤其是职场人士的形象将可能左右其职业生涯发展前景，甚至会直接影响到一个人的成败。

元世祖忽必烈一次召见应聘官员，应聘者中有一位学士叫胡石塘。此人生性粗心，不拘小节，歪戴着帽子也没有发觉就进去面见元世祖。

元世祖忽必烈看见他，问道："你有什么本事啊？说来我听听。"

胡石塘回答说："我有治国平天下的学识。"

忽必烈听了哈哈大笑："你连自己头上的帽子都戴不平，还能平天下吗?"

胡石塘因为歪戴帽子，不拘小节而葬送了前程，这足以说明职业形象的重要性。特别是随着社会的发展，职场上已经不是只把工作做好就够了，形象包装也是职场人士应该关注的。从商业心理学的调查结论来看，人们普遍认同成功的职业形象可以为自己带来更多的收益。据著名形象设计公司美国 CMB 对 300 名金融公司决策人的调查显示，成功的形象塑造是获得高职位的关键。另一项调查显示，形象直接影响收入水平，那些更有形象魅力的人收入通常比一般同事要高 14%。

艾莉森·理查德是美国硅谷一家网络服务器公司的新推销员。一天，艾莉森·理查德上门向多克公司的采购部经理凯文·萨维奇做产品推介。

"凯文·萨维奇先生，您好。我想向您介绍一下我们的产品。您知道，作为网络服务器，产品的稳定性是很重要的。经过科学验证和很多客户的使用，证明我们的产品可以保证连续运转而不发生意外……"

艾莉森·理查德不停地说，并不停地用笔记本电脑向凯文·萨维奇做演示。可是凯文·萨维奇老是走神。他看着艾莉森·理查德的鞋子、裤子，然后目光又扫过他的衬衫和领带。哦，上帝! 他的鞋子有多久没上油了，看不到一点光亮! 他的衬衫领子有明显可见的油污，不会是昨天去帮哪位朋友修理过汽车或去农场了吧? 还有……

艾莉森·理查德继续介绍说："凯文·萨维奇先生，我说了很多了，我的客户也很多。并且，他们购买了大量这种产品。我想，您也一定很感兴趣。如果您使用我们的产品，我们会给您提供更多的服务……"

"哦?"凯文·萨维奇回过神来,"对不起,艾莉森·理查德先生,我对这个不感兴趣,我想我考虑一下再给您答复吧。"

从上述这个案例我们清楚地知道,对于那些职场人士来说,职业形象的影响可谓无所不在。对于应聘面试,它影响着你是否能赢得职位;对于同事和老板,它影响着你的团队合作效率和仕途升迁;对于客户,它影响着你的生意订单;对于下级,它影响着你的权威,正是由于这一点,职场中人都要树立和维护自己的职业形象。

> 帝娜是某化妆品公司的业务员,有一次去推销化妆品。
> "路易丝小姐,您看,这是我们公司最近新开发的一款护肤霜。"
> 路易丝看过样品之后问:"帝娜小姐,你能告诉我这种护肤霜比其他化妆品有什么显著优点吗?"
> 帝娜习惯性地去摸摸头发:"哦,这种护肤霜……"
> 路易丝一见,以为帝娜自己未必知道这种护肤霜的优点,显然对它也没有什么信心,于是就打消了想买的念头。

对销售员来说,一套搭配得当的服装加上文雅的举止能够给人以美好的第一印象,从而为以后更深入的交往打下基础。可是帝娜却在这一点上犯了推销员的大忌。作为推销员,有些习惯性动作和举止,诸如摸鼻子、摸下巴、揪耳朵、擦脑门、双手抱胸等都是在不自觉中做出来的,自己习以为常,当然无所谓,而在客户来看,则别有意味了。所以,推销员应该时刻注意。

在职场上,大多数人都在根据你的服饰、发型、言语等自我表达方式判断你。职业形象已经成为事业成功的一个重要的游戏规则。谁在职业形象上被打败,谁就失去了先机。我们之所以重视职业形象设计,不是为了追求外在的美,而是为了辅助事业的发展,展示给人们你成功的潜力。

理由 4 缺乏责任心

假设员工自己放弃了对社会的责任，就意味着自己放弃了在这个社会中更好地生存的机会。同样，如果员工放弃了对工作的责任，就意味着自己放弃了在公司里更好地发展的机会。没有责任感的员工，任何一个公司都会弃若敝屣，即使侥幸留在公司，也永远不会获得成功。

——通用电气前 CEO 杰克·韦尔奇

对于任何一位老板来说，最头疼的就是员工缺乏责任心，工作无效率。对此，《人民论坛》第 18 期刊文说，近日，人民论坛杂志社联合人民网进行了"群众与基层干部"的专题调查，共有 9533 人参与。"你认为基层干部队伍作风建设存在的问题主要有哪些？"调查结果显示，排在第一位的是"对工作缺乏责任心"，占受调查者的 68.46%。

从人民论坛调查的结果来看，"对工作缺乏责任心"已经成为影响中国经济发展的一个重要因素。的确，对于企业来说，员工缺乏责任心，也就无法保证产品和服务质量，与国外实力强大的跨国公司竞争就显得更加势单力薄。

在这样的背景下，任何一个老板都希望留住责任心强的员工，那些整天吊儿郎当、缺乏责任心的员工势必会被辞退。

事实证明，责任感是一个人能够立足社会，获得事业成功和生活幸福的至关重要的人格品质。一位知名企业家将缺少责任感的员工形容为"企业蛀虫"，认为他们不但不会为企业作出大的贡献，而且很有可能成为公司的祸水。

2008 年 5 月 20 日和 21 日，一名网民揭露他 2007 年 11 月在浙江泰顺县城一家超市里买的三鹿奶粉的质量问题。该奶粉令他女儿小便异常。后来他向三鹿集团和县工商局交涉不果。为此，该网民以网上发文自力救济，并以"这种奶粉能用来救灾吗?!"为题提出控诉。不过该控诉的结果是，三鹿集团地区经理以价值 2476.8 元的四箱新奶粉为代价取得该网民的账户密码，以删除网上有关帖子。

2008 年 6 月中旬以后，三鹿又陆续收到婴幼儿患肾结石等病去医院治疗的信息。有人在国家质量监督检验检疫总局食品生产监管司的留言系统里反映由三鹿奶粉导致多起婴儿肾结石，但事后被删除。

2008 年 7 月，徐州儿童医院小儿泌尿外科医生冯东川在国家质检总局食品生产监管司的留言系统里反映，2008 年婴儿双肾结石导致肾衰的病例出奇地增多，且大多食用三鹿奶粉，并表示希望政府部门能组织流行病学专家协助明确原因，不过也没有得到明确答复。

"三鹿内部邮件"显示：2008 年 8 月 1 日下午 6 时，三鹿取得检测结果：送检的 16 个婴幼儿奶粉样品，15 个样品中检出了三聚氰胺的成分。

2008 年 8 月 2 日下午，三鹿分别将有关情况报告给了其注册地石家庄市政府和新华区政府，并开始回收市场上的三鹿婴幼儿奶粉。

2008 年 8 月 4 日—9 日，三鹿对送达的原料乳 200 份样品进行了检测，确认"人为向原料乳中掺入三聚氰胺是引入到婴幼儿奶粉中的最主要途径"。确认因自己集团生产的奶粉导致众多婴儿患有肾结石之后，三鹿集团开始进行公关工作，试图掩盖事实真相。

三鹿公关公司北京涛澜通略国际广告有限公司被指在 2008 年 8 月 11 日向三鹿集团建议与中国最大的互联网搜索引擎公司百度合作，屏蔽有关新闻的公关解决方案建议：

"安抚消费者，1~2 年内不让他开口；与百度签订 300 万元广告投放协议以享受负面新闻删除，拿到新闻话语权；以攻为守，搜集行业竞争产品'肾结石'负面新闻的消费者资料，以备不时之需。百度的 300 万元框架合作问题，目前奶粉事业部已经投放 120 万元，集团只需再协调 180 万元就可以与百度签署框架，享受新闻公关保护政策。"

这封建议书在三鹿毒奶粉事件曝光后的 2008 年 9 月 12 日，广泛流传于网上。

事发后的 2008 年 9 月 13 日，百度公司针对此种说法发表声明，表示从未接受过这种要求：

"2008 年 9 月 9 日晚，三鹿的代理公关公司致电百度大客户部希望能协助屏蔽三鹿的负面新闻，由于该提议违反公司规定以及百度一贯坚持的信息公正、透明原则，大客户部在第一时间严词拒绝了该提议。2008 年 9 月 12 日，该公关公司再次致电希望能屏蔽三鹿的负面新闻，再次被大客户部予以否决。"

三鹿集团是中外合资公司，其最大海外股东是新西兰恒天然公司。恒天然公司在 2008 年 8 月得知奶粉出现问题后，马上向中资方和地方政府官员要求召回三鹿集团生产的所有奶粉。

不过恒天然公司经过一个多月的努力未能奏效，中国地方官员置若罔闻，试图掩饰，不予正式召回。恒天然只好向新西兰政府和总理海伦·克拉克报告。2008 年 9 月 5 日新西兰政府得知消息后下令新西兰官员绕过地方政府，直接向中国中央政府报告此次事件，中国政府这才严正对待此事。

2008 年 9 月 8 日甘肃岷县 14 名婴儿同时患有肾结石,引起外界关注。

至 2008 年 9 月 11 日甘肃全省共发现 59 例肾结石患儿,部分患儿已发展为肾功能不全,且已死亡 1 人,这些婴儿均食用了三鹿 18 元左右价位的奶粉。而且人们发现两个月来中国多个省份已相继有类似事件发生。中国卫生部高度怀疑三鹿牌婴幼儿配方奶粉受到三聚氰胺污染。三聚氰胺是一种化工原料,可以提高蛋白质检测值,人如果长期摄入会导致泌尿系统膀胱、肾产生结石,并可诱发膀胱癌。

2008 年 9 月 11 日上午 10 点 40 分,三鹿集团传媒部负责人表示,无证据显示这些婴儿是因为吃了三鹿奶粉而致病。并称,三鹿集团委托甘肃省质量技术监督局对三鹿奶粉进行了检验,结果显示各项指标符合国家的质量标准。

不过,事后甘肃省质量技术监督局召开新闻发布会,声明该局从未接受过三鹿集团的委托检验。在同一天的晚上,三鹿集团承认经公司自检发现 2008 年 8 月 6 日前出厂的部分批次三鹿婴幼儿奶粉曾受到三聚氰胺的污染,市场上大约有 700 吨,同时发布产品召回声明,不过三鹿亦指出其公司无 18 元价位的奶粉。

2008 年 9 月 12 日三鹿集团声称,此事件是由于不法奶农为获取更多的利润向鲜牛奶中掺入三聚氰胺。三聚氰胺在一份报价单中的价格为每吨 8700 元。早在 2008 年 7 月中旬,就有记者从三鹿品牌甘肃省总经销商——兰州兴源食品公司了解到三鹿已经停止生产确认受到三聚氰胺污染的奶粉品牌三鹿优加奶粉。2008 年 9 月 12 日网易财经编辑从三鹿品牌总监处得到确认,2008 年 8 月 5 日就通知各地经销商,三鹿在 2008 年 3 月—8 月 5 日之前生产的产品受到污染,停售优加系列产品,并且秘密召回,但未公之于众。这导致在此后的一个多月里,又有一批婴儿食用了三鹿问题奶粉。三鹿集团官方网站标题曾一度被黑客改为"三聚氰胺集团",三鹿集团官方网站的首页曾被改为"看三聚氰胺集团新闻有感",成为黑客们的聊天和"集体路过"场所。

2008年9月13日,中国国务院启动国家安全事故Ⅰ级("Ⅰ级"为最高级:指特别重大食品安全事故)响应机制处置三鹿奶粉污染事件。患病婴幼儿实行免费救治,所需费用由财政负担。有关部门对三鹿婴幼儿奶粉生产和奶牛养殖、原料奶收购、乳品加工等各环节展开检查。质检总局将负责会同有关部门对市场上所有婴幼儿奶粉进行全面检验检查。

河北省政府决定对三鹿集团立即停产整顿,并将对有关责任人做出处理。三鹿集团董事长和总经理田文华被免职,而石家庄市分管农业生产的副市长张发旺等政府官员也继相被撤职处理。

石家庄官方初步认定,三鹿"问题奶粉"为不法分子在原奶收购中添加三聚氰胺所致,已经拘留了19名嫌疑人,传唤了78人。这19个人中有18人是牧场、奶牛养殖小区、奶厅的经营人员,另外1人涉嫌非法出售添加剂。

2009年1月22日,河北省石家庄市中级人民法院一审宣判,三鹿前董事长田文华被判处无期徒刑,三鹿集团高层管理人员王玉良、杭志奇、吴聚生则分别被判处有期徒刑15年、8年和5年。三鹿集团作为被告,犯了生产、销售伪劣产品罪,被判处罚款人民币4937万余元。涉嫌制造和销售含三聚氰胺的奶农张玉军、高俊杰及耿金平三人被判处死刑,薛建忠被判处无期徒刑,张彦军被判处有期徒刑15年,耿金珠被判处有期徒刑8年,萧玉被判处有期徒刑5年。

(案例来源:百度百科,作者:佚名)

在本案例中,尽管很多原因导致了三鹿的倒闭,但是有一个因素不得不提,那就是公司全体管理者缺乏责任心,如果全体管理者及时召回已销售或者正在销售的问题奶粉,这个悲剧就有可能避免。

事实上，责任心是每个人应有的品质。对此，微软董事长比尔·盖茨曾对他的员工说："人可以不伟大，但不可以没有责任心。"

比尔·盖茨说这句话，是建立在他对执行力重要性认知的基础上的。因为一个人只有具有高度的责任感，才能在执行中勇于负责，在每一个环节中力求完美，按质、按量地完成计划或任务。所以微软非常重视对员工责任感的培养，责任感也成为微软招聘员工的重要标准。正是基于这种做法，成就了微软一流的执行力，打造出了声名显赫、富可敌国的微软商业帝国。

张文杰就职于北京一家非常知名的设计公司。开始，公司老板非常器重他，当然，他也不负众望，文章写得顶呱呱，公司大大小小的文案都得劳他动笔。

刚开始时，张文杰非常认真。可是刚过试用期，张文杰就开始懒散起来。起初是工作责任心不强，一有时间就干私活，每月赚取的稿费收入远高于其工资，本职工作则是能拖就拖，能推就推，除非上司发话，否则懒得动手。

时间一长，老板觉得他很难担当重任，而且会影响他人工作进度，于是让他离开公司了。

现实生活中，像张文杰这样的员工可以说是举不胜举。张文杰被老板辞退也在情理之中。企业之所以对缺少责任感的人如此不欢迎，首先，因为没有责任感就意味着对公司没有归属感，一个心猿意马的员工，是不可能为企业尽心的；其次，一个没有责任感的员工，会消极感染周围的员工，从而对企业的斗志造成影响。另外，正如托尔斯泰所说："一个人若没有热情，他将一事无成，而热情的基点正是责任心。"企业是不会认为一个缺少责任感的员工是有培养价值的。

相反，一个有责任感的员工，他们的服从意识和执行能力更强，对事业的态度更端正，更充满热情，很多创造力也是在尽职尽责的基础上产生的。美国第35任总统约翰·肯尼迪就职时发表演说："在世界的悠久历史中，只有很少几个时代的人负有这种在自由遭遇最大危机时保卫自由的任务。我绝不在这责任之前退缩；我欢迎它。我不相信我们中间会有人愿意跟别人及别的时代交换地位。我们在这场努力中所献出的精力、信念与虔诚将照亮我们的国家以及所有为国家服务的人，而这一火焰所聚出的光辉必能照明全世界。所以，同胞们，不要问你们的国家能为你们做些什么，而要问你们能为国家做些什么。全世界的公民，不要问美国愿为你们做些什么，而应问我们在一起能为人类的自由做些什么。最后，不管你是美国的公民还是世界他国的公民，请将我们所要求于你的有关力量与牺牲的高标准拿来要求我们。我们唯一可靠的报酬是问心无愧，我们行为的最后裁判者是历史。让我们向前引导我们所挚爱的国土，企求上帝的保佑与扶携。但我们知道，在这个世界上，上帝的任务肯定就是我们自己所应肩负的任务。"

那么，职场中究竟什么样的员工被认为是有责任感的呢？一般来讲，能遵守公司规定，做事善始善终，注重效果与效率，不敷衍马虎，敢于承担责任的人被看做是有责任感的。翻阅历史，那些事业有成的人，无不具有勇于负责的品质。阿尔伯特·哈伯德为此曾说："所有成功者的标志都是他们对自己所说的和所做的一切负全部责任。"

华盛顿小时候，有一天突发奇想把自家院子里的一棵樱桃树砍掉了。这棵樱桃树是他父亲花大价钱从英国买回来的，他父亲得知樱桃树被砍掉之后大发雷霆，声称要严厉查处砍树的人。家里人都噤若寒蝉，这时华盛顿坦然地站出来，承认树是他砍的。家里人都以为华盛顿要不可避免地受到严惩了，谁知老华盛顿见儿子如此负责，不但没有处罚他，反而激动地将他抱起来，由衷地赞扬说："你的行动远远超过了一千棵樱桃树！"

果然，华盛顿长大后，一直以强烈的责任感来约束和激励自己，成为一位道德高尚的人，为美国独立作出了巨大的贡献，并成为美国第一任总统。

要想事业有成，就要像华盛顿那样，树立勇于负责的精神。勇于负责，会让你表现出卓越的执行力，在工作中崭露头角，做出优异的成绩，这样自然比别人更能获得加薪和晋升的机会。勇于负责，会让你敢于承担更大的责任，积极主动地为公司发展出力流汗、建言献策，这样自然会得到老板的重用，将你培养成公司的顶梁柱。勇于负责，会让你的人格变得高尚，赢得同事的尊敬和老板的赏识。这些都是在向你未来的成功和辉煌积极地迈进。

有一家公司在招聘管理者的时候遇到这样一件事情。由于公司给出的条件十分优厚，所以吸引了不少的年轻人。这些人大多数是名牌大学的毕业生，而且在校时都曾有过优异的成绩，所以都显得胸有成竹。然而结果却出人意料，没有一个人被录取。难道这家企业成心不想招人？当然不是，公司老板在向应聘者解释的时候说："其实，我们也很遗憾，我们很欣赏各位的才华，你们对问题的分析也是层层深入，非常令我们满意。但是，很遗憾，另外一道题你们都没有答对。"

大家都感到莫名其妙，纷纷问还有一道什么样的题。老板回答他们："你们看到了躺在门边的那个扫帚了吗？有人从上面跨过去，有人甚至往旁边踢了一下，但没有一个人把它扶起来。"

"对责任心的理解远不如一件能体现责任心的小事，后者更能显示出你的责任心。"老板最后说。

这个例子中的事情并不是夸张。一个人没有责任感，不仅体现在大是大非面前，更体现在每一件小事中。

事实上，责任不会因为职位渺小而变得无足轻重，更不会因为受到权力的干扰而躲藏起来。只要是你的责任，你就要勇敢地承担。一旦抛弃了责任，即使再好的战略，也会因为执行不力而夭折，或者造成不可收拾的局面。一个员工，如果不能将责任感根植于内心，让它成为头脑中一种强烈的意识，从而在日常行为和工作中形成一种习惯，那么，在需要他负责的时候，他也不会让老板和上司满意，这样的员工，很难获得升迁。

理由 5 经常把过去的业绩挂在嘴边

在被老板辞退的员工中，因为经常把过去创造的业绩挂在嘴边而被辞退的占辞退总数的两成。

——美国《商业周刊》

的确，在我们入职的时候，老板曾不止一次告诫我们，不要经常把过去创造的业绩挂在嘴边，这样很不利于进步。然而美国《商业周刊》的一个调查结果显示，在被老板辞退的员工中，因为经常把过去创造的业绩挂在嘴边而被辞退的占辞退总数的两成。

这一调研结果值得我们每一个职场人士关注。有些员工为了给老板留一个好印象，总是有意无意地把过去创造的业绩挂在嘴边。殊不知这样做不但不会得到老板的好感，还会让老板误以为你太喜欢炫耀。其实，老板需要的不是你过去的辉煌，而是你现在或者将来能够给公司带来什么。

付菁菁是北京某知名大学管理学专业的研究生，还有一个月就要毕业了。付菁菁的同学都已经找到了自己的出路——要么找到了工作，要么考上了博士。唯独付菁菁既没有考博，也没有找到工作，整

28

天在宿舍打游戏，睡觉。

付菁菁告诉同学们，说自己不是找不到工作，而是普通的工作她看不上眼。她的目标是世界500强企业。同学们都为付菁菁的志向叹服。

功夫不负有心人。这一天，付菁菁接到了某跨国企业中国区分公司的面试通知。

付菁菁兴奋不已，心想，这一天终于盼来了。

第二天下午付菁菁去面试。第一关、第二关都通过了，只有最后一关了，这一关是直接和中国分公司总裁对话。这时所有面试的人只剩下付菁菁和另外一个看起来文静的竞争者了。

为了试探那个竞争者的底细，付菁菁问他是哪个学校毕业的。竞争者大方地告诉了付菁菁。付菁菁一听，心里笑了，认为竞争者的学校太一般，根本没法与自己的母校相比。这样想着，付菁菁觉得自己已经胜券在握了。

面试开始了，中国区分公司总裁分别给付菁菁和竞争者五分钟自由陈述。

付菁菁先发制人，滔滔不绝地说起了自己以前如何出色，并一口气说出了她获得的所有奖项和证书。

付菁菁认为，这些应该是她求职胜利的最大砝码。中国区分公司总裁对付菁菁的陈述不动声色，显然没有被打动。

轮到竞争者了。竞争者和付菁菁恰恰相反，对自己过去所取得的成绩只字不提，而是重点陈述他进公司后将如何为公司创造价值，尤其令中国区分公司总裁点头称许的是，竞争者说到了为公司设想的新产品营销推广的方案。

面试结束后，付菁菁相信自己一定会被录取，于是就提前请好友吃饭。谈笑间，接到一个电话，正是该分公司打来的。付菁菁想，肯定是通知自己被录取了。可是付菁菁一听就傻眼了，对方告诉付菁菁，付菁菁没有被录取，公司录取的是那位少言寡语的竞争者。

付菁菁怎么也想不通，第二天给中国区分公司总裁打电话想问个明白。付菁菁很委屈地说："为什么我没有被录取？我以前取得了那么多的成绩为什么没有被录取？"

中国区分公司总裁只说了一句话："过去并不等于未来。你的过去对公司毫无意义。"

总裁的话像一盆冷水浇在付菁菁的头上，付菁菁彻底醒悟了，过去并不等于未来。

很多时候我们都会炫耀我们过去的辉煌，但社会却不会因为你辉煌的过去而给你辉煌的未来，辉煌的过去只是你拥有一个比较高的起点，但并不意味着你在新的起点拥有更高的加速度。新的起点的加速度动力是什么？这是我们每一个员工要不断思考的问题。

上述案例中的付菁菁就是这样一个典型的案例。"过去并不等于未来"，这句话有着深刻的含义，对每一个职场人士都有很强的警示作用。对每个职场人士而言，人生只有三天，昨天、今天和明天，昨天是张作废的支票，明天是张尚未兑现的期票。只有今天，才是现金，才有流动的价值。

假设某个职场人士整天沉迷于过去的成就之中，那么他的人生也就到此结束了，他不会再有任何的进步。事实上，一个优秀的老板并不看重你过去的辉煌，他看重的是你现在能为公司做什么，看重的是你未来可以为公司创造多大的价值。

在上述案例中，要是付菁菁低调一点，不炫耀过去的辉煌业绩，或许录用的就是她，而不是那个看起来文静的竞争者了。不信，我们来看一个小故事。

很久以前，乌龟与兔子之间发生了争论，它们都说自己跑得比对方快。于是它们决定通过比赛来一决雌雄。确定了路线之后它们就开始跑起来。

兔子一个箭步冲到了前面，并且一路领先。看到乌龟被远远抛在后面，兔子觉得，自己应该先在树下休息一会儿，然后再继续比赛。于是，它在树下坐了下来，并且很快睡着了。

乌龟慢慢地超过了兔子，并且完成了整个赛程，无可争辩地当上了冠军。

兔子醒过来，发现自己输了。

乌龟和兔子赛跑的经典应该是我们每一个职场人士应该谨记的故事，不进则退。兔子看到的是自己在过去的辉煌，而忘记了前面的辉煌，停留在过去的辉煌给自己带来的荣耀并享受着辉煌带来的美好。

事实上，辉煌的过去把你带到了一个更高更新的起点，但这是你辉煌的动力，也是你开始的舞台。要想在职场上一帆风顺，就必须禁止经常把过去创造的业绩挂在嘴边，因为任何一个明智的老板都明白这样一个道理——过去成功过，不等于未来还会成功。

毫无保留地炫耀，即使才华横溢、成绩卓著也只能有暂时的辉煌，而没有长久的魅力，也没有回味无穷的韵味。炫耀自己过去的辉煌，只会让人觉得你浅薄。如果不添柴加薪，曾经的熊熊火焰只能证明现在的灰烬。所以，一个优秀的员工总是默默地做着自己应该做的事情，而那些缺乏自信的员工却总是在老板面前说自己过去如何的好。老板的眼睛是雪亮的，不要以为他不在你的身边就不知道你在做什么，你就偷懒，钻空子，在上班时间干与工作无关的事情。事实上，你的一切行动都在老板的掌握之中，老板不说你，只不过是给你面子和尊严而已，等到扣发你工资或者开除你的时候后悔就来不及了。

事实证明，任何一个老板都喜欢做实事的人，这是放之四海皆准的真理。那些把事情做得很漂亮的员工，会得到老板的信任与重任，加薪、晋升都很快。这样的员工有一个共同的特点，就是很少夸夸其谈，而是用事实说话。少说话，多做事，是他们行动的准则。事实上，在办公室里少说话，没有人会把你当哑巴。有一项统计显示，在办公室言简意赅的人比炫耀自己口才的人更能够得到老板和同事的尊重。说适当的话，做有效的事，老板就需要这样的员工。这样的员工通常都能得到老板的提拔和重用，辞退就根本不可能了。

理由6 多次犯同样的错误

任何一个员工，尽量少犯错误，最起码不要总犯同样的错误。

——沃尔玛连锁公司 山姆·沃尔顿

在给一个企业培训中，老板就告诫过他企业的员工，尽量少犯错误，最起码不要总犯同样的错误。的确，对于职场人来说，每个人都会犯错。当然，职场人士犯错本身不是一种错，毕竟他不是神也不是圣人，所以，职场人士可以天天犯错，但不能总犯同样的错误。

对此，王尔德说："经验是每个人给自己所犯的错误取的名字。"约翰·惠勒更是直言不讳："我们所要做的一切，就是尽可能地快点犯完错误。"诗人和物理学家在对待错误的层面上具有惊人的相似性和戏剧效果的巧合，这两句穿越时空的对白几乎说出了所有关于经验和错误的事实。我们从错误中得到经验，而经验促使我们走向成功。

当然，员工在工作中犯了错误，立即弥补改正，就能减少错误；出现失误，及时采取补救措施，可以避免继续损失。能够及时弥补失误，是一种责任心的体现。那些能够做到有错就改的员工通常都深得老板的信任，大都在第一时间内得到提拔。

刘敏是北京某家电连锁店的冰箱促销员，经常想顾客之所想，对工作热情，也很认真，而且经常积极主动地工作，对经理交给她的任务能够认真完成，深得经理和其他员工的喜欢。

一天，刘敏来到经理办公室，对经理说："对不起，我今天犯了一个很严重的错误，因为我一时大意，把一台 9800 元的空调当成 7600 元的空调卖掉了。我特意来向您承认错误。"

刘敏拿出 2200 元钱放在经理的办公桌上，"我为我的错误感到羞愧，这是我上个月的工资，作为我对公司的赔偿，请您收下。我愿意接受公司给我的任何处分。"

经理听后并没有生气，而是心平气和地问："你知道那位顾客的联系方式吗？你有没有找过他，向他说明事情的真相？"

"给顾客开发票的时候留过顾客的联系方式。"刘敏回答，"是我把冰箱的价格弄错了，这是我的工作失误，我不想给公司带来麻烦，希望能自己弥补。"

"我很欣赏你这种及时弥补失误和勇于承认错误的精神。"经理说，"这样吧，这 2200 元我先收下，我现在同你一起去找那位顾客。"

在经理的陪同下，刘敏来到顾客的家里，讲明了事情的真相。那位顾客很爽快，当场补交了 2200 元钱。经理没有对刘敏采取任何惩罚措施，并把刘敏的钱还给了她。从那以后，刘敏再也没有犯过同样的错误。

在工作和生活中，犯错，犹如你走路的时候遇到了一块绊脚石，把你绊倒之后，你受伤了，就会痛苦，下次再从这里走的时候，你就会想起曾经的痛苦，你就会小心地绕过去。就像上述案例中的刘敏一样，犯了错误并不可怕，可怕的是不能及时改正错误。

刘敏的案例警示我们每一个职场人士，只要我们发现错误后及时弥补，事情就会向着好的方向发展，因为任何事情都有两面性，我们应该以积极的态度对待错误与过失，不断地学习和成长，不断地丰满能使自己飞翔的羽翼。

但遗憾的是，员工常常在很多时候，却不会绕过这块绊脚石，他们这次在这里摔倒，下次还要在这里摔倒，直到最后，他们放弃了最终的希望。

事实上，员工犯错的过程，也是一种成长。没有错，哪有修正？没有错，哪有经验？没有错，如何提高？员工的职业生涯就是在一个不断犯错与改错的环境中慢慢成长起来的。你比他成熟、稳重，是因为你犯的错、吃的苦太多，经历的太多，反之，你不成熟，只能说明你犯的错太少，你受的教训太小，你吃的苦太少，懂得也太少，所以你总是长不大。

反观许许多多的成功者，他们的成功大都是在错误中反思，在错误中成长，从大错到小错，从小错到无错，从无错到成功。世界上没有人不犯错就获得了成功，可以说成功是建立在错误的基础上的。成功的人和平庸的人区别就在于，成功的人犯了很多不同的错误，而平庸的人则一个错误都不犯。

如果你想在职场上平步青云，就应该勇于犯错误，当然绝不允许总犯同一个错误。现实中很多事情可以参照过去人做事的办法，然而很多办法却是无法复制的，毕竟事过境迁，而且更多的事情是前人没有遇到过的，根本谈不上学习前辈的方法。所谓实践出真知，我们只得尝试，一尝试，错误就在所难免。如果因循守旧地思考和行动，表面看起来不会犯大错，却无法得到突破，只能停留在前辈的水平上，成功将遥遥无期。

当然，我们必须强调，敢于犯错误不是盲目蛮干，是对错误有预见和估算的自信，是有敢为人先的气魄。错，我们每一个人都可以天天犯，这也是上天赋予我们的权力，但是，上天还跟我们说，犯错的目的是让我们从错误中吸取教训，懂得真理，更好地提升自己、完善自己，而不是每天都犯同样的错误。如果你每天都犯同样的错误，那么你就是在违背上天的意愿，犯错不改错，那就是天大的错误。一个错误每天犯，那么，我想你的人生也就失去了意义，可以肯定你是一个不思进取的人，不懂得生活的人。

众所周知，勇于犯错是对未来的实力挑战，是探索未来的锋利宝剑。一个人成就的大小，与他犯错的次数密切相关，犯错代表失败，也就是说他失败的次数比常人要多几十倍，几百倍，甚至几千倍。越成功的人，他经历的错误就越多，他改正错误的次数就越多，每一次改正错误，对于他都是一种机会与提高。所以说，我们要多去一些城市，多经历一些事情，多干一些事情，这样我们犯错的次数才会增加，我们成长的速度也才会比别人快很多倍。是的，我们要敢于犯错误，我们要尽量少犯错误。但是，我们不能够原谅自己犯同一个错误。聪明人和愚蠢人的区别就是，聪明人同样的错误只犯一次，而愚蠢的人同样的错误犯多次，甚至屡教不改。面对错误的心态同样重要。面对错误，我们是放纵，还是置之不理，还是总结经验教训？

鲁锦是北京中关村一家电子公司的销售员。鲁锦刚来公司的时候销售业绩排在倒数第一，一年后却成了销售冠军。

此后，鲁锦的销售业绩稳步增长，月月得冠军，年年得冠军。很多同事羡慕不已，向鲁锦取经，问鲁锦有什么秘诀。

鲁锦从包里拿出一个红色的笔记本，对同事说："这就是我的秘诀。"

同事翻开一看，里面密密麻麻地记载了鲁锦与客户打交道所犯下的每一次错误，以及每一次犯错误后的心得。

鲁锦之所以能够取得好成绩，主要还是源于其对所犯错误的总结。事实上，错误一方面使我们陷入困境，另一方面也促使我们警醒，我们每一个职场人士都要善于从错误中思考和总结。如果我们对自己犯的错误置之不理，那么错误对我们来说仅仅就是一个错误，而不会成为经验和教训。这样的错误是没有价值的。

　　鲁锦的成功给我们的警示是，总结错误是理性的回想，是从实践上升到理论的必经之路。思考错误是智慧的升华，是预见未知、开拓新空间的前提。只有善于分析错误，才能有所收获。如何使犯错误的成本降至最低？如何使犯错误的人进步得更快？答案只有一个，那就是：同样的错误只犯一次！

　　既然太阳也有黑点，工作就不可能没有缺陷。犯错误不要紧，要紧的是同样的错误不能犯很多次！如果你想成功，那么你就可能犯错误；如果你要成功，你也可能犯错误，但同样的错误只能犯一次！被一块石头绊倒一次不要紧，要紧的是不能被同一块石头绊倒两次！

理由7　过于表现出比老板高明

你应该显得你只是在提醒老板某种他本来就知道不过偶然忘掉的东西，而不是某种要靠你解疑释惑才能明白的道理。如果你把握不好这个度，那么你的职场将一路坎坷。

——著名人力资源专家　周赵丽蓉

作为一个职场人士来说，最忌讳的就是在某些场合过于表现出自己比老板高明许多。其实，笔者曾在很多会议中听到过老板告诫自己的属下，千万不要在不合适的场合过于表现出自己比老板高明，让老板下不了台，否则的话老板就会让你滚蛋。作为一个职场人士没有必要为了一时的长短而被老板辞退，那样的话，将得不偿失。

的确，有些员工专业技能强，在这些方面，老板肯定是不如你的，但是你必须明白，尺有所短，寸有所长，尽管你的老板在某些方面不如你强，但老板一定有某些方面比你更加优秀，比如，经验与见识。很多公众场合下，即使你有比老板更好的主意，切不可急于表达，特别是你的老板已经说出他的意见时，这不仅仅是要顾全老板的面子，也是顾全你和老板之间的关系和以后工作沟通的问题。当然每个老板都希望自己的下属比自己更出色，这样才有老板的风范。

　　在这里需要谨记的是，既然人也是动物，就会有战胜他人的欲望，但是作为下属以后有得是表现机会，没必要争一时长短而让你的老板过得不愉快，让你们之间的关系产生隔阂。假如你的老板是个开明乐观的人，一笑了之倒也没事，如果碰上小肚鸡肠之辈，可能你要吃不了兜着走了。所以不要显得比老板高明，不要一直站在风头上，小心枪打出头鸟。其实，过于表现出比老板高明的员工不单单现在才有，中国历代的朝廷中同样有之。

　　曹操雄才大略，乐于卖弄一下自己的聪明，喜欢听取众人的赞誉。可是下属杨修刚愎自用，却不给老板曹操的面子，偏要戳穿"一盒酥"、"门中'活'"之类的玄妙，夺了老板曹操的风头，数次坏了老板曹操的好事。逼着老板曹操最后以"鸡肋"事件为借口把他给杀了，这是大家都知道的三国杨修。

　　历史就是这样的有趣，三百年后又出现了一位杨修式的人物。《南史·刘显传》载：南朝梁武帝时，有寺院与农家发生田地之争，双方将官司打到官府。因涉及寺院，官府无法处置，最后将案子呈到皇帝面前。梁武帝看后，在案卷上批了一个"贞"字，经办部门被皇帝的这个判语搞晕了。有人想到满肚子学问的尚书左丞刘显，刘显果然聪明，说皇帝的意思是要把田地判给寺院。因为"贞"的繁体字可拆为"与上人"三个字，"上人"是对僧人的尊称。其他人恍然大悟，按皇帝的批示办结此案。

　　这边刘显出风头，一吐为快，炫耀了一番。那边出谜的梁武帝还等着群臣聆听他的拆解，展示自己满肚子的学问呢。他批示的"贞"字，沾沾自喜以为实在太妙了，群臣"遍问莫如"、"众莫能解"后反过来再请教他，多带劲的事。谁知风头叫刘显抢去了。梁武帝十分生气，便免了刘显尚书左丞的官职，让他到地方"显"示能耐去了。

（案例来源：新浪博客，作者：佚名）

"聪明反被聪明误"，这句话可谓老生常谈了，看一看周围，自以为聪明无比的下属，并不少见——他们总是觉得比别人多长一颗脑袋，一招一式仿佛都高人一筹。殊不知，此等人可以成就一时，做成一些小打小闹的事，但终究成不了大气候。

就像上述故事中的杨修和刘显，其实他们都是非常聪明的谋士，可是他们的表现欲过于强烈，其锋芒盖过了老板，他们的结局：一个被杀，一个被贬。

和杨修相比较，刘显的遭遇算是幸运的，到地方当官这样的结局已经相当不错了。可是，如果刘显能从杨修的祸事中汲取教训，破谜后心中窃喜，再装一下糊涂，和大家一起请教皇帝，不过于表现出自己比皇帝高明，老老实实地当自己的官不更好吗。

但历史就是这样的，有人创新，就有人复制。再说了，一样的错误，人家杨修是丢了脑袋的。刘显知足去吧。不过，曹操麾下战将谋士如云，杨修不过是其中之一。单说诸多谋士，能得到曹操的赏识，绝对不会是吃干饭的，对曹操的那些小把戏，看得也清楚。但这些人知道曹操个人风雅，猜忌心又重，很多事不便说破；有些事心知肚明即可，不能随便说出曹操心思的。杨修却不同，光怕显不着自己，常常走在"老板"前面，挡住了"老板"的形象，处处卖弄，事事逞能，在某些场合过于表现出自己比老板曹操高明。在他眼里根本不考虑什么潜规则。这怎么能行呢？所以说，杨修的被杀是必然的。

李达奎是一家连锁店的副总经理，主抓连锁店的运营。因其深谙门店营销之道，通过三年的努力，便把主抓的一家门店从一个名不见经传的小店打造成一家样板店，为连锁店的经营业绩立下了汗马功劳。因此，老板器重他，下属敬重他，使其在连锁店拥有极高威信。

在"养尊处优"中工作一段时间后，李达奎飘飘然起来，常常自抬身价，认为自己是连锁店不可或缺的人才，并多次在公开场合自我表功和夸耀。

　　老板曾多次暗示他注意收敛，而李达奎却认为这是老板害怕"功高盖主"而采取的压制措施，于是便变本加厉地自我张扬，还经常故意延误命令的执行，向老板的权威发起挑战。多次劝说无效后，老板拟了一纸调动通知，将其调离了那个岗位。

在现实的企业运营中，部门经理在企业管理中扮演着重要角色，但并不是决定性角色，如果摆错了自己的位置，出现喧宾夺主的局面，这其实是一件很危险的事情。在本案例中，正是因为李达奎没有正确认识自己的位置，骄傲自满，过于表现出自己比老板高明，甚至挑战老板的权威，导致老板不得不忍痛割爱，把他调离了那个岗位。

　　因此，作为职场人士，千万不要显得比上司高明，因为被别人比下去是很令人恼恨的事情，所以要是你的老板被你超过，这对你来说不仅是蠢事，甚至于产生致命后果。自以为优越总是讨人嫌的，特别容易招惹老板嫉恨，聪明的员工不应该让同事感到威胁，更不能让你的老板感到你比他强，而使他随时有被你取代的危机感。如果你想向老板提出忠告，你应该显得只是在提醒老板某种他本来就知道不过偶然忘掉的东西，而不是某种要靠你解疑释惑才能明白的道理。如果你把握不好这个度，那么你的职场将一路坎坷。

理由 8　让老板下不了台

可以肯定的是，如果员工有想让老板下不了台，出点小麻烦的想法的话，你最好放弃，因为让老板下不了台，即使他不辞退你，也会让你的职场举步维艰。

——著名人力资源专家　周赵丽蓉

毋庸置疑，谁都不喜欢让自己在很多场合下不了台，何况是一个企业的老板？值得提醒的是，作为职场人士，必须注意这一点，在什么场合下，都要尊重自己的老板，如果让老板下不了台，其后果是很严重的。可以肯定的是，如果员工有想让老板下不了台，出点小麻烦的想法的话，你最好放弃，因为让老板下不了台，即使他不辞退你，也会让你的职场举步维艰。

因为在中国企业中，老板是非常要面子的，可以说，老板的面子是企业中最重要、最值钱的东西之一，它往往跟权威，跟权力，甚至跟企业的所有制有重大关系，可谓"兹事体大"，忽视不得，但许多职场人士却并不懂得这个道理，结果就吃了不小的亏。

2010 年 8 月的一天，刘晓雯垂头丧气地来找她的大学室友闻婧婧，说她刚被老板炒了，问闻婧婧能不能帮她推荐一份工作。

闻婧婧听到这个信息后非常诧异，因为刘晓雯是一位很敬业的员工，研究生毕业，有学历，有技术。

一年前，刘晓雯通过北京国际会展中心的人才市场找到了一份很适合自己的职位，没有多久，刘晓雯就帮该公司主持了几项颇有影响力的项目，深得老板的赏识，老板也有意要提拔刘晓雯做部门经理，没想到却被老板给辞退了。

其实，老板辞退刘晓雯的原因很简单，就是因为刘晓雯让老板下不了台。老板让刘晓雯帮公司拟订一份发展计划书，两人却因其中的一个细节问题起了争执，老板认为稍欠稳妥，不宜实施，然而刘晓雯却觉得这是经过实地考察和深思熟虑得出的结果，不能放弃。两人僵持不下，声音越提越高，最后引得公司里的其他员工都聚拢过来看个究竟。老板就让刘晓雯先回去，把计划书留下董事会研究了再作决定，刘晓雯不肯走，依然要理论，老板恼羞成怒，当场拍了桌子，当场就辞退了刘晓雯。

刘晓雯的这个案例只是中国职场的一个小小的缩影。尽管刘晓雯对这份工作非常在乎，也正因为这样，才会不惜与老板发生冲突也要维护公司的利益。刘晓雯的一份苦心老板肯定了解，她错就错在过分激动，忘记了职场原则，老板永远都是老板，即使老板再器重你，也不会容忍更不会允许你让他在公司员工面前下不了台。这是老板必须维护的尊严，没有任何商量的余地。

在这里，我们提醒职场人士的是，当与老板意见相左时，最好的办法就是避其锋芒，旁敲侧击，或者暂时忍让，等待老板回心转意，而非像刘晓雯那样，失去理智地与之争辩。解决事情有多种方式，并非只有正面交锋才能解决问题，有时候，曲线救国或者以柔克刚更具有策略性。

在一个企业的年会上，一个很重要的部门经理因为对个人待遇有些不满，便不依不饶地追着老板要讨个说法。

老板说，这个问题能不能回头我们俩私下里再说，等开完这个会？

这个部门经理大约也可能是平常不易见到老板还是怎么的，很是激动地说，不，你今天一定要给我一个说法！

当着众多经销商、媒体记者、行业同人的面，老板肯定是抹不开这个面子的，只好说，没有问题，我答应你。这个部门经理觉得满意了，应该能解决了。

第二天当这个部门经理再兴冲冲去公司时，只见公司外贴着一纸通告，他已经被老板逐出门外了，唯一的理由就是昨天"让老板下不了台"，老板觉得很受伤！

这个部门经理如果看过三国时曹操与许攸的故事，就不会犯这样的错误了。许攸总觉得自己本事大（也确实不错）、贡献多，便屡屡不给老板曹操面子，常在众人面前直呼曹操为"曹阿瞒"，说要不是我你哪有今天，结果终于有一天惹急了曹操，被拖出去一斩了之。所以，在中国企业中，千万不要让老板下不了台。下列说词你一定要注意：回答老板问题时不说"随便！""都可以！"这样的回答会让老板觉得你冷漠，不懂礼节。或者在老板批评时顶撞老板。的确，被批评的滋味不好受，但是不知道处于职场中的你是否意识到，公司的上上下下，里里外外，有多少人要上司操心过问，他能整天批评你，说明你还是被重视的。如果不想被批评，要摆脱这种窘况，就要明白上司批评你时，你该如何回应。美国学者戴尔·卡耐基通过多年的观察、研究发现，任何教训、指责都会使人感到伤了自尊而处于自我防卫状态，并且往往会激起他极大的反感，促使他竭力为自己辩解。可以说，闻过则喜者少。喜表扬、恶批评，是一种普遍存在的心理现象。以下是在职业咨询当中，咨询师测试职场情商的一道问题。如果你遭到老板不正确的批评，你会怎么处理？

第一，冷静，以静制动，不立即争辩和发生冲突。

第二，坦然接受，配合老板，告诉老板："对不起，我下次一定改正这些问题。"

第三，否定老板："您说的不是事实，我绝对是对的！"

第四，淡定，用智慧对接老板，先听后说，用智慧和事实证明自己没有错。许多人容易犯的错误就是，不等对方说完，就直截了当地说："我没有错。"也有人会选择保持沉默，避免冲突，但有时候事实并不会自己出来说话。

不少人会认为第二项是最好的选择：避免了冲突，保全了老板的面子，又可以澄清事实。但也有不好的地方，那就是没有维护自己的面子和尊严，给别人留下不够光明磊落的印象。这个选择会比较适合应对大多数东方老板，因为东方人最讲面子，尤其是中国老板。而对于比较开明的老板，或者是喜欢直截了当的欧美籍老板，第四个选项也许是最好的选择。因为第四个选项既使自己保持了冷静，避免了情绪化冲突，澄清了事实，也维护了自己的面子和尊严以及正直的形象。但这个选择也有不好的地方，那就是对老板的面子照顾得不够，有可能让老板下不了台。

三洋机电公司前副董事长后藤清一年轻的时候，曾在松下公司任职。

一次，因为一个小错误，后藤清一惹恼了公司创始人松下幸之助。当后藤清一进入松下的办公室时，松下幸之助气急败坏地拿起一只火钳死命往桌子上拍击，然后对后藤清一大发雷霆。

后藤清一被骂得狗血喷头，正欲悻悻离去，忽然听见松下幸之助说道："等等，刚才因为我太生气了，不小心将这火钳弄弯了，所以麻烦你费点力，帮我弄直好吗？"

后藤清一无奈，只好拿起火钳拼命地敲打，而他的心情也随着这敲打声逐渐归于平静。

当后藤清一把敲直的火钳交给松下幸之助时，松下幸之助看了看说道："嗯，比原来的还好，你真不错!"然后高兴地笑了。

责骂之后，反以题外话来称赞对方，这就是松下幸之助的高明之处。后藤清一走后，松下幸之助悄悄地给后藤清一的妻子拨通了电话，对她说："今天你先生回家时脸色一定很难看，请你好好地照顾他!"

本来，后藤清一在挨了松下幸之助的一顿臭骂之后，决定辞职不干了，但松下幸之助的做法反而使后藤佩服得五体投地，决心继续效忠于他，而且要干得更好。

众所周知，作为职场人士，遭到老板的不正确的批评是难免的。作为下属，当你遭受到领导不正确的批评时，千万不要意气用事，马上走人，要多想想领导的话是不是正确的，待冷静下来，或许就能理解领导当时无理的批评了。因此，当你受到老板的批评时，心态相当关键。在具体的应对方式上，我们应该谨记，那就是尽可能让老板下得了台。

理由9　把自己的过错推到同事身上

事事都要请示的干部是无能的干部，事事都要请示就是事事都不想负责任。在本职工作中，我们一定要敢于承担责任，有些人没犯过一次错误，因为他一件事情也没做。对既没有犯过错误，又没有改进的干部，可以就地免职。

——华为创始人　任正非

在很多培训中，笔者不止一次听到老板告诫自己的员工："不要把自己的过错推到同事身上，不要以为推卸自己的责任就可以逃避处罚，其实，这是一种比较愚蠢的做法。"

对此，华为创始人任正非曾在《华为的冬天》中说："事事都要请示的干部是无能的干部，事事都要请示就是事事都不想负责任。在本职工作中，我们一定要敢于承担责任，有些人没犯过一次错误，因为他一件事情也没做。对既没有犯过错误，又没有改进的干部，可以就地免职。"

从任正非的话语中，我们看出，在工作中，犯错不可怕，可怕的是将自己的过错推到别的同事身上。因此，作为职场人士，每个人都要恪尽职守，去做自己应当做的事情，担负起自己应当承担的责任，这样你才可能被老板提拔重用，你的职场才会一帆风顺。

作为职场人士，如果不愿主动地去承担责任，看上去自己没有什么损失，但实际上却在原地踏步，你天天听到别人的成功与失败，但就是与你无关。这样的话，你是不会赢得老板的认可的，更谈不上升迁了。

作为职场人士，勇于承担责任，意味着可能要为自己所付出的忠诚和努力承担后果，并付出牺牲，这是谁都能想到的。一个人做得越多，犯错的次数就越多。多做多错，理之必然。不做不错，因为错的对象不存在了。所以不求有功，但求无过，多一事不如少一事，已经成为一种生存哲学。所以人们经常陷入"宁可不做，千万别错"的退缩中。我们来看看下面这个真实的案例。

泰姆·威廉斯和罗德尼·布鲁斯是纽约联合快递公司的两名新员工。他们俩是工作搭档，工作一直都非常认真，也都很敬业。公司总裁罗尼·布莱恩特对这两名新员工十分满意，然而一件事却改变了罗尼·布莱恩特对罗德尼·布鲁斯的看法。

一次，泰姆·威廉斯和罗德尼·布鲁斯负责把一个邮件送到码头。这个邮件很贵重，是一件中国清代的青花瓷，公司总裁罗尼·布莱恩特反复叮嘱他们要小心。

没想到，送货车开到半路却坏了。

罗德尼·布鲁斯说："怎么办？你出门之前怎么不把车检查一下？如果不按规定时间送到，我们要被扣奖金的。"

泰姆·威廉斯说："我的力气大，我来背吧，距离码头也没多远了。而且这条路上车特别少，等车修好，船就开走了。"

"那好，你背吧，你比我强壮。"罗德尼·布鲁斯说。

泰姆·威廉斯背起邮件，一路小跑，终于按照规定的时间赶到了码头。这时，罗德尼·布鲁斯说："我来背吧，你去叫货主。"罗德尼·布鲁斯心里暗想：如果客户把这件事告诉总裁，说不定还会给我加薪呢。他只顾想，当泰姆·威廉斯把邮件递给他的时候，他却没接住，邮包掉在了地上，"哗啦"一声，青花瓷碎了。

"你怎么搞的，我没接你就放手?!"罗德尼·布鲁斯大喊。

"你明明伸出手了，我递给你，是你没接住。"泰姆·威廉斯辩解道。

泰姆·威廉斯和罗德尼·布鲁斯都知道，古董打碎了意味着什么。没了工作不说，可能还要背上沉重的债务。果然，总裁罗尼·布莱恩特对他们两人进行了严厉的批评。

"总裁，不是我的错，是泰姆·威廉斯不小心弄坏的。"罗德尼·布鲁斯趁泰姆·威廉斯不注意，偷偷来到总裁的办公室对总裁罗尼·布莱恩特说。

总裁罗尼·布莱恩特平静地说："谢谢你，罗德尼，我知道了。"

随后，总裁罗尼·布莱恩特把泰姆·威廉斯叫到办公室。"泰姆·威廉斯，到底怎么回事?"泰姆·威廉斯就把事情的原委告诉了总裁罗尼·布莱恩特，最后泰姆·威廉斯说："这件事情是我们失职，我愿意承担责任。另外，罗德尼·布鲁斯的家境不大好，如果可能的话，他的责任我也来承担。我一定会弥补上我们造成的损失的。"

泰姆·威廉斯和罗德尼·布鲁斯一直等待处理的结果，但是结果很出乎他们两人的意料。

总裁罗尼·布莱恩特把泰姆·威廉斯和罗德尼·布鲁斯叫到办公室，对他们两个说："公司一直对你们俩很器重，想从你们俩当中选择一个人担任客户部经理，没想到却出了这样一件事情，不过也好，这让我们更清楚哪一个人是合适的人选。"

罗德尼·布鲁斯暗喜："一定是我了。"

"我们决定请泰姆·威廉斯担任公司的客户部经理，因为，一个勇于承担责任的人是值得信任的。泰姆·威廉斯，用你赚的钱来偿还客户。罗德尼·布鲁斯，你自己想办法偿还客户，对了，你明天不用来上班了，你被解雇了。"

"总裁，为什么？"罗德尼·布鲁斯问。

"其实，古董的主人已经看见了你们两个在递接青花瓷时的动作，他跟我说了他看见的事实。还有，我也看到了问题出现后你们两个人的反应。"总裁罗尼·布莱恩特最后说。

一件事情就能判断一个人的品质。就像上述案例中的那个敢于承担责任的新员工泰姆·威廉斯，并不是泰姆·威廉斯有什么特别的工作技能，而是他敢于承认错误，而且还为同事分担责任，而罗德尼·布鲁斯却恰恰相反，不仅不承认错误，还把自己的过错推到同事身上。

"人非圣贤，孰能无过？"犯错对于任何一个职场人士来说都是无法避免的。在工作中，犯了错误很正常，也不用怕，关键是对待错误的态度要端正。面对过错，有些人由于害怕老板的责罚而隐瞒错误，找各种借口推卸责任："总裁，不是我的错，是泰姆·威廉斯不小心弄坏的。"这种态度非常不好，是极其不负责任的。当职场人士犯了错的时候，应该勇敢地面对它，不要试图逃避自己应承担的责任，职场人士应大胆地说："对不起，这是我的错，我会想方设法弥补这一过失，请相信我！"

任何一个老板都知道：一个敢于承认错误、勇于承担责任的人是值得信赖和重用的。对此，美国第43任总统乔治·沃克·布什（George Walker Bush）在就职演说中有这样一段话："正处于鼎盛时期的美国，重视并期待每个人担负起自己的责任。鼓励人们勇于承担责任，不是让人们充当替罪羊，而是对人的良知的呼唤。虽然承担责任意味着牺牲个人利益，但是你能从中体会到一种更加深刻的成就感。"因此，无论你做错了什么，只要敢于承认错误、承担责任，采取措施弥补，你还是可以成功的。隐瞒和推脱只会使你的处境更加困难，情况更加糟糕。

深圳艾思奇公司的会计孟晓红，仗着自己是老板的远亲，工作怠慢，极不负责，财务总监曾多次向老板提起，老板觉得孟晓红是自己的远亲，也好言相劝，但是孟晓红就是改不了工作散漫的毛病。

2008 年下半年，金融危机对深圳艾思奇公司的打击极大，老板心急如焚，就在这时，孟晓红在做工资表时，给二十几个请病假的员工定了个全薪，忘了扣除他们请假的工资。事后孟晓红发现了这个问题，于是她找到这二十几名员工，告诉他们下个月要把多给的钱扣除。但是这二十几名员工说自己手头正紧，请求延期扣除。

可是这么做的话，孟晓红就必须向老板请示。孟晓红知道，老板知道这件事后可能会辞退她的。孟晓红想这糟糕的事情都是自己造成的，要是让老板知道了自己肯定没有好果子吃，于是孟晓红想了一个不用承担责任的办法。

孟晓红找了一个机会，对老板说由于人事部门的疏忽，没有扣除二十几名员工请假该扣的工资。孟晓红还指责财务部的同事粗心，也没有发现这一问题。老板听了十分生气，说："我对你们这样工作感到非常失望，你们应该为自己的错误负责。更让我失望的是你对自己责任的推脱，下个月你就回老家休息吧！"

的确，职场人士往往对于承认错误和承担责任怀有恐惧感。因为承认错误、承担责任往往会与接受惩罚相联系。有些不负责任的员工在出现问题时，首先把问题归罪于外界或者他人，总是寻找各种各样的理由和借口来为自己开脱。

在很多老板看来，这些都是无理的借口，并不能掩盖已经出现的问题，也不会减轻要承担的责任，更不会让你把责任推掉。因此，承认错误，承担责任，是每一个员工应有的敬业精神。能够承担责任的人，是能够被委以重任的。正确对待错误也是做人应该具备的最起码的品德。也许你存有侥幸心理，想蒙混过关，但世上没有不透风的墙，你的错误迟早会被发现，这时你的错误就会因推卸责任、欺瞒别人而更加严重，受损失的最终是你自己。所以，我们应在一开始的时候就勇敢地面对错误，承担责任。这样你才会吸取教训，从失败中学习和成长。

美国西点军校认为：没有责任感的军官不是合格的军官，没有责任感的员工不是优秀的员工，没有责任感的公民不是好公民。缺乏责任感难免会失职，员工与其为自己的失职找借口，倒不如坦率地承认自己的失职。敷衍塞责，找借口为自己开脱，会让老板觉得你不但缺乏责任感，还不愿意承担责任。没有谁能做得尽善尽美，但是，一个主动承认错误的员工至少是勇敢的，如何对待已经出现的问题，能看出一个人是否勇于承担责任。

理由 10　从不做任何分外的工作

不要把分内之事和分外之事分得那么清楚，当老板安排你做工作时，即使是分外的事，你也要主动承担起来，因为老板不仅仅在给你一项任务，更是在给你一次经历的机会，让你积累更多的经验。很多自以为聪明的人认为多做事出错的可能性也就大，被追究责任的可能性也就大，结果他们见事就躲，虽然求得一时的清闲，却失去了发展的机会。

——浙江天马轴承股份有限公司外贸公司经理　郁明

在现实的职场中，大多数人都会遇到这样的情形：公司是小公司，工人缺少，每到生产旺季，就让管理人员出来帮忙，也就是给公司干活，但是没有加班费和任何报酬，甚至连句奖励的话都没有。因为公司老板文化水平很低，他认为这是团队凝聚力的表现，大家要为公司作贡献，而且每个人的表现都要作为年终考核的参考。

其实，上述情形只是再普通不过的个案罢了。对此情形，笔者曾接触过很多老板，他们认为，要想赢得老板的认可，就必须多做分外之事，因为作为管理人员，要知道公司的任何业务细节。

对于很多职场人士来说，老板总让你做分外的事，的确是一个头痛的问题。老板总让你做分外的事，你做不做？

答案当然是做。因为"做任何分外之事"的工作态度能让你在竞争中脱颖而出。你的老板那么看重你、信赖你，从而把更多的机会给你。在实际工作中，我们应该多做一些分外的工作，说不定这些额外的付出就是你走向成功的开始。但遗憾的是，大部分人都觉得只要尽职尽责完成老板分配的任务就可以了，尤其是对于那些刚刚走上社会的年轻人来说更是如此。

赵强在一家公司做策划文案，有一天下班的时候，公司有十分紧急的事，要发通告信给所有的营业处，所以需要抽调一些员工协助。

当部门主管安排赵强去帮忙套信封时，赵强不高兴地说："现在下班了，又是我分外的事，还不给加班费。这是我的自由时间，我不做。"

听了这话，主管气坏了，但他没有说什么，而是把这件事报告给了老板。

第二天，老板找了个借口便把赵强辞退了。

赵强就这样失去了工作。他的错误就是太计较个人得失，不愿多付出一点儿，不愿多干一点儿分外的工作。在竞争激烈的职场，只是全力以赴、尽心尽力做好本职工作是不够的，还应该在自己的分内工作之外多做一点，比别人期待的更多一些，这样可以吸引更多的关注，为自己的提升开辟更多的道路。我们来看看下面这个真实的案例。

陈莉大学毕业之后应聘到一家服装外贸公司上班，公司除了老板之外，还有十来个同事，有财务，也有文员，所以陈莉想，作为一个外贸员，做好自己的业务开发工作就行了，应该是工作职责蛮分明的。

可惜办公室的职责并不是那么泾渭分明的，上班不到一个月，陈莉就发现问题接踵而至。

有一天，陈莉不小心把喝水杯打翻了，在擦自己的桌子，并拿拖把拖地时，被老板看到了。老板以为陈莉是打扫卫生，先笑眯眯地表扬她："小陈就是勤快！"接着吩咐："待会儿顺便也帮我整理一下办公桌吧。"

陈莉愣了一下，考虑到当着那么多同事的面，不好驳老板的面子，就乖乖地答应了。结果，隔三差五，这差事就落到她的头上。幸好，频率不是太高。

接着是有一天，陈莉看同事做报价表时，Excel 操作得不太熟练，于是好心上去教了一下；另一个同事收到的客户文件打不开，陈莉又好心帮同事下载了个软件……

于是，大家都开始认为陈莉是个电脑高手，有了电脑方面的问题就叫"陈莉……"

后来，单位的电脑坏了，需要重装系统，老板把陈莉叫去："快快快，给我修一下。"

陈莉想，这样下去还了得，装着一脸为难地说："这个，我以前也没做过，不知道怎么弄。"

结果，老板立马说："没事的，我相信你一定能行的！你这么聪明，就算不会，看看说明书也能弄。"

以前，单位里接到不明电话找老板，有的同事随口就报出老板的电话，结果老板被一些推销人员弄得烦不胜烦；而有的同事则一概回绝说不知道，结果也因此丢掉了一些潜在的客户或资源。

陈莉接到此类电话后，会用技巧大致过滤一下，把有用的信息转告给老板。时间长了，老板索性吩咐其他同事，遇到这种情况就把陈莉的电话报给对方，就说陈莉是他的秘书。

于是，陈莉发现，自己的大部分时间花在了跟这些人周旋上，而自己的工作同样做得有条不紊。

大半年下来，老板一直看在心里，于是决定提拔陈莉当公司行政部经理。

本案例中，陈莉被提拔是源于她做一些分外工作。对于那些分外的工作，如果你去做了，就等于播下了成功的种子，它总有一天会发芽、开花、结果的。这也是那些优秀员工成功的秘诀之一。对此，浙江天马轴承股份有限公司外贸公司经理郁明撰文指出："在现实工作中，当老板给下属尝试的机会时，很多人却因为怕承担责任而放弃或拒绝了，最后依然没有经验。其实，看不见的经验比看得见的薪水更重要。现在岗位的分工越来越细，专业壁垒也越来越高，很多人可能一辈子都干着某一个局部的工作，永远只有那个局部的工作经验。要想让自己的就业路子更多更宽，就应该积累多方面的经验。不要把分内之事和分外之事分得那么清楚，当老板安排你做工作时，即使是分外的事，你也要主动承担起来，因为老板不仅仅在给你一项任务，更是在给你一次经历的机会，让你积累更多的经验。很多自以为聪明的人认为多做事出错的可能性也就大，被追究责任的可能性也就大，结果他们见事就躲，虽然求得一时的清闲，却失去了发展的机会。"

理由 11　经常打小报告

　　员工打小报告表面上看似乎对自己有利，直接上司也会一时器重你。但随着时间的推移，被你暗中中伤的人总会知道事实真相，经常从你这儿收到小报告的上司，也会从中嗅出不良的气味。等到那时，你便会陷入四面楚歌、众叛亲离、人人讨厌、人人唾弃的境地，到时后悔也来不及了。

——著名人力资源专家　周赵丽蓉

　　"大公司做事，小公司做人"，这句话被很多职场人士奉为至理名言。尤其是中小企业的员工，往往把处理人际关系当做获得工作机会和利益的重要手段。因此，在很多场合，老板告诫自己的员工，千万不要打小报告。

　　事实上，"打小报告"虽然不等同于"告密"，但在人们心中，背地里说别人坏话、"打小报告"、告密是一个连续的链条。在成年人的世界中，这样的行为被认为是卑劣的。老板大都不喜欢这样的员工，辞退也是迟早的事情。但是，可能有人觉得打小报告是打击对手的有效手段，如果真的这么做，那么他就大错特错了。

　　众所周知，打小报告是不按组织原则，向上级夸大或无中生有地反映别人的所谓缺点和错误。"小报告"是指一种不正当的举报行为，或是内容不正当，或是动机不正当，或是手段不正当，或是几者兼而有之。

当然，打小报告并非今天职场的专利，在古代就已盛行，不过那时还没有这个名称，人们一般习惯称之为"进谗"。所谓"谗"，就是说别人的坏话。之所以称"进"，大抵因为要说别人坏话，当然有一定的目的，为了实现这个不可告人的目的，谗言就要讲给足以影响被谗者命运的人听，这种人一般不是官高便是位重。把谗言讲给这些地位高的人听，所以称之为"进"。

作为一个职场人士，要想安稳地在职场生存下去，就必须懂得绝不能打小报告，因为打小报告的意思大家都懂：第一，它只限于下级对上级，且上下级之间能经常见面；第二，打小报告不能在大庭广众之下进行，一般是在没有第三者在场情况下进行；第三，内容是关于人的问题，有可，无亦可，真的行，假的照样行，添枝加叶，添油加醋，合理化想象均可；第四，在"报告"前面加一个"小"字，经常打、密度大、频率高，事无巨细，皆在"报告"之列。

的确，"老子不干了，也不受窝囊气！"你我都说过。窝囊气与志气是否存在转基因的关系？当你下课时，起因窝囊气，结局窝囊气，是"气连环"，怎样亮出当即的志气呢？没有机会啦！暂时只能赌气。先看看这份正式的"小报告"。

尊敬的大老板：

您好！

来 IBS 已经一年了，这里已经成了我的家，对 IBS 的感情重如我的爱人。在公司我从没有和您有过如此直接的对话，今天，我仍然不会，我用这种特殊的邮件方式与您交流一下我一年来在公司的亲身所感，这些素材都是最真实的，而且是您从来都没有接触到的，希望 IBS 越来越辉煌！

　　进公司，是在我事业最艰难的时候，得小老板赏识直接把我纳入IBS旗下，对此我直到现在还感激他，无怨无悔跟随他左右。我清楚他工作的每一个动机和细节，更深知他的企图和野心。我什么都不想说……

　　今天我真受不了了，他开始怀疑我，甚至开始污蔑我！

　　"小东，我最恨的就是爱说谎的人，公司无论上下还是内外，都是在讲诚信，你实话告诉我，周六下午你是否进了我的办公室？"

　　"小老板，周六下午我和老婆在逛街呀，你现在给她打电话问问。我很认真的，我根本没有来过公司。"

　　"为什么公司保安的签到记录上有你的名字？难道他们工作失职！而且只有你才有我办公室的钥匙，我的办公椅的位置都变样了，闹鬼了吗？你这个态度我可一定得一查到底！"

　　"一定要查个水落石出！大不了我不干了也要查个究竟！！"

　　就这样，我们查了整整两天，最后我在全天录像记录中查到，当时所谓的"我"是工程部的员工，长得样子像我，保安登记错误。可是说谎的不是我，而是小老板，他所谓椅子的位置变化，都是凭空编造，为了诈住我！大老板，小老板这样的类似举动已经不是一次两次了，他已经让整个团队不稳定了！你想想，为什么他总这么疑神疑鬼呢？我们都明白，他害怕，为了公司的利益和稳定，希望您多多走到中层的工作生活中间，我们都是拥护您的，永远！

　　此致！

员工：小东

　　大老板看过信后，当即转发给了小老板。他在邮件中说："我支持你所有的行为，请告诉我这样的员工还有多少，你是核心，他已经脱离了核心，铲除'黑子'是我们企业管理的当务之急！希望你办妥、稳重，你无须向我解释什么，我信任你就是信任你的一切。"新的一周，忐忑的小东以裁员的名义实现下课。

（案例来源：《姿势》，作者：高晓曦）

就像上述案例中的这个员工还不至于被"请走"的，其实很多问题完全可以在私底下交流，这样的话，大老板还是可以接受的，然而职场就是职场，职场就是江湖，江湖就需要面子，有时面子比权力和金钱更重要。

需要提醒职场人士的是，要想在职场上如鱼得水般的受重用和获得升迁，就必须懂得分场合和地点与老板交流，不要因为自己的一时冲动去触及老板的底线，否则只会自讨苦吃。

其实，做任何事情都必须讲求方式方法，在职场上与老板打交道也是一样，要懂得维护老板的尊严和面子。

上述案例中的这个员工有诸多失策，在遭受不公正待遇后没能及时调整心态、做好沟通，不积极做好本职工作，甚至还兴师问罪，都是击穿老板底线的重要因素。上述案例中的这个员工应该做的是积极配合老板的管理，如果有重大的争议，完全可以在私底下解决。因为每个老板都不喜欢触及自己底线的员工，哪怕是自己的亲戚、同学也是一样，绝对不允许越雷池半步。有问题可以找合适的机会直接向老板解释。在现实生活中，老板往往会帮助你协调关系或是帮你找到解决问题的最好方法。

很多成功人士都告诫过我们，和老板商量比打小报告、自己周旋更有效。爱告密的下属尽管在某些领导的眼里是个"大红人"，深得宠爱和欢心，在公司里面也耀武扬威，欺上瞒下，一副作威作福、迷惑君王的奸臣形象，但这样的下属在精明睿智的老板面前，往往"绝招"失灵，任他机关算尽，仍不被重用，即便耍尽花招也难讨领导的欢心。作为一名正直的员工，如果你想赢得同事的好感和老板的青睐，小报告万万不能打。下面的故事就是一个活生生的例证：

欧阳春梅是北京某研究院的技术骨干。研究院领导一直都非常看

60

重她，研究院有什么重要工作都由欧阳春梅来做，可是自从单位调来个叫刘岩的新同事，欧阳春梅的日子就没那么好过了。

刘岩可不是一个省油的灯，天天与领导套近乎。没事的时候，刘岩就往领导的办公室跑，东拉西扯地与领导说个没完没了，而且还时常帮领导做一些私事。刘岩做这些，就是为了赢得领导的好感。领导对刘岩也格外看重，而且对刘岩十分信任，刘岩说的话，领导都很重视。

可是刘岩处处与她作对，这令欧阳春梅百思不得其解。他们俩无冤无仇，刘岩干什么与自己过不去呢？一天，欧阳春梅的工作做完了，想找领导汇报一下，就去领导办公室。当欧阳春梅走到办公室门外时，听到刘岩在说自己的坏话："欧阳春梅这个人还是不错，可是她的工作太粗心了，业务也不精。"

欧阳春梅心想：原来刘岩在打自己的小报告，这个家伙，真不是个东西，竟然是这种小人，为了抬高自己而贬低别人。

其实，刘岩的业务能力非常差，没想到还背地里打小报告，说别人坏话。欧阳春梅没有进去，听完了转身回到自己的办公室，气就不打一处来。

自从那次被打完小报告以后，领导对欧阳春梅就不如以前那样器重了，单位很多工作都交给刘岩做。

渐渐地，单位里很多人都知道了刘岩的为人，都对刘岩十分不满，可是又惹不起他。领导非常信任刘岩，并处处维护刘岩，所以刘岩过得很是得意。

后来，由于人事变动，单位来了一位新领导。这个新领导很有魄力，上任以后，大刀阔斧地进行改革。

在科室重组时，按照单位的规定，哪个科室都不要的人，只能下岗。由于刘岩平时爱打别人的小报告，说别人的坏话，一点人缘都没有，所以哪个科室都不要他，最后，刘岩的命运只能是下岗了。

　　在上述案例中，刘岩只不过是中国职场人士的一个小小的缩影。不过刘岩也得到了他应有的下场，也为自己打小报告的行为付出了代价。需要提醒职场人士的是，员工打小报告表面上看似乎对自己有利，领导也会一时器重你。但随着时间的推移，被你暗中中伤的人总会知道事实真相，经常从你这儿收到小报告的上司，也会从中嗅出不良的气味。等到那时，你便会陷入四面楚歌、众叛亲离、人人讨厌、人人唾弃的境地，到时后悔也来不及了。就像上述案例中的刘岩一样，使得自己处于十分被动的地位。

理由 12　工作总是虎头蛇尾

在很多场合，老板都苦口婆心地告诫过员工，不要做事情虎头蛇尾，这样做不仅不利于公司的发展，同时也不利于员工自己的职场生涯的发展。

——著名人力资源专家　周赵丽蓉

要想让自己的职场更加顺畅，就必须把工作做得井井有条，绝不能虎头蛇尾。

在很多场合，老板都苦口婆心地告诫过员工，不要做事情虎头蛇尾，这样做不仅不利于公司的发展，同时也不利于员工自己的职场生涯的发展。

然而，令人遗憾的是，在现代职场中，有一部分职场人士工作总是虎头蛇尾。他们工作时只有一个很好的开头，却没有一个令人满意的结尾，给老板留下一种有始无终、只重开始不管结果的印象。

如果自己是老板，你会重用那种在工作中有头无尾或者虎头蛇尾的员工吗？其实这个答案是毋庸置疑的。往往就是这样，已布置的工作，如果没有督促，就不会有积极的反馈。譬如许多单位年初开列一系列计划目标，并且细分到部门、单位甚至个人，所要做的事情也 1、2、3……排序了。但是到了年底，这些计划、任务完成得如何？哪些已经完成了？哪些还没有完成？离目标值还有多远距离？无法完成计划的原因何在？要么统统没有下文了，要么只有包含着大量"大约"、"可能"等词汇含混不清的总结。

对于做事有头无尾、有始无终的员工，我想，原因可能有很多种，但关键还是在于没有坚持到底。相信任何一个老板都不敢把重要的任务交给他。

许多人之所以不被老板重用，不是因为他们能力不够、热情不足，而是缺乏一种坚持不懈的精神。他们工作时往往虎头蛇尾、有始无终，做事东拼西凑、草草了事。他们对目标容易产生怀疑，行动也始终处于犹豫不决之中。比如，他们看准了一项工作，充满了热情开始去做，常常在刚做到一半时又会觉得另一份工作更有前途。他们时而信心百倍，时而又低落沮丧。这种人也许能短时间取得一些成就，但是，从长远来看，最终一定会是一个失败者。因为在这个世界上，没有一个做事虎头蛇尾、迟疑不决、优柔寡断的人能够获得真正的成功。

在人的一生中，坚持不用多，有一次坚持到底就算是成功；而放弃一旦开了头，就会步入一而再，再而三的恶性循环当中。工作有头有尾与虎头蛇尾的界线如此微妙，我们跨过它时极少察觉，以致我们往往意识不到自己就踩在这条线上。美国一位成功学家讲述了这样一个故事。

在好多年前，当时有人正要将一块木板钉在树上当隔板，贾金斯便走过去管闲事，说要帮他一把。他说："你应该先把木板头子锯掉再钉上去。"

于是，他找来锯子，可刚锯到两三下又撒手了，说要把锯子磨快些。

于是他又去找锉刀。接着又发现必须先在锉刀上安一个顺手的手柄。于是，他又去灌木丛中寻找小树，可砍树又得先磨快斧头。

　　磨快斧头需将磨石固定好，这又免不了要制作支撑磨石的木条。制作木条少不了木匠用的长凳，可这没有一套齐全的工具是不行的。于是，贾金斯到村里去找他所需要的工具，然而这一走就再也没见回来。

　　贾金斯无论学什么都是虎头蛇尾，有始无终、半途而废。他曾经废寝忘食地攻读法语，但要真正掌握法语，必须首先对古法语有透彻的了解，而没有对拉丁语的全面掌握和理解，要想学好古法语是绝不可能的。贾金斯发现，掌握拉丁语的唯一途径是学习梵文，因此便一头扎进梵文的学习之中，这可就旷日费时了。

　　贾金斯从未获得过什么学位，他所受过的教育也始终没有用武之地。但贾金斯的先辈为他留下了一些钱。

　　贾金斯拿出10万美元投资办一家煤气厂，可是煤气所需的煤炭价格昂贵，这使他大为亏本。

　　于是，贾金斯以9万美元的售价把煤气厂转让出去，开办起煤矿来。可又不走运，因为采矿机械的耗资大得吓人。

　　因此，贾金斯把在矿里拥有的股份变卖成8万美元，转入了煤矿机器制造业。从那以后，贾金斯便像一个内行的滑冰者，在有关的各工业部门中滑进滑出，没完没了……

在职场中，有很多人就像故事中的贾金斯一样，做事虎头蛇尾、半途而废。而这样做损失的不仅仅是工作没有完成的结果，更重要的是它有可能给你带来心理上的挫折感，甚至可能使你养成虎头蛇尾的工作习惯，而这将是个人最大的损失。对一位积极进取的员工来说，有始无终的工作恶习最具破坏性，也最具危险性。它会吞噬你的进取心，它会使你与成功失之交臂，使你永远不可能出色地完成任何任务。古人云："行百里者，半于九十"，就是这个道理。

　　员工工作不求彻底、有始无终、半途而废，最容易失去老板对你的信任。老板会因此认为你的工作最不可靠，一定是拖泥带水、纠缠不清。

对于每个职场人士而言，工作有条不紊、有头有尾才能在公司的激烈竞争中生存下去，才会有立足之地。如果一味抱着"下一份工作会更好"的想法，往往会给人留下虎头蛇尾、稳定性差的印象，那么，他们就会永远处于寻找"下一份工作"的过程中。

为了改善这种状况，首先要从虎头蛇尾的工作心态中脱离出来，试着把一个项目做完。在工作中，作为一名员工，要尽量避免这种虎头蛇尾的做法。做工作就要有头有尾，以获得同事和老板的承认和赞赏。有头有尾地工作，不仅是一种责任，更是一种良好的品行。只有这样，我们才有可能得到成功的青睐。

理由 13 在上班时做私事

在上班时处理私人事务，无疑是在浪费公司的资源和时间。如果老板有了这样的想法，不用说重用，你离背包走人估计也不远了。

——美国兰奇电子公司董事长 约翰·内铁斯

除去偶然当上老板的昏庸无能之辈以外，员工的行为是老板们评价一个下属的主要依据。员工在上班时间内禁止做私事，这是公司对每一位员工最起码的要求。在现实的岗位上，许多员工却总是不以为然，在办公室里打私人电话、发私人传真或因私事上网，甚至织毛衣、接待私人来客等，这些看似无伤大雅的私事，事实上是每个老板都不愿意看到的。

在上班时做私事，不仅缺乏职业道德，同样还会影响自己的职业生涯。你是否会在上班时间里在网络上读新闻，或者是寄发私人的电子邮件或发送信息？人力资源管理公司 Captor Group 在英国赞助了一个研究，这个研究是通过互联网及手机针对 1500 名英国上班族所做的问卷。研究报告显示，80% 的英国上班族承认，在上班时间里会做这些和工作无关的事——这也就是所谓的"桌面翘班"（desk skiving）。而且他们花了许多时间在私人的事情上，例如：逛新闻网站，到搜索引擎研究一些私事，或者是寄发私人的邮件或信息，以及在网络上购物。

这份研究报告还显示，1/3 的受访者表示，每天会花 15～30 分钟的时间在私人的事情上（相当于每年花了 14 天），有 8% 的人表示每天花了 2 个小时以上。21% 的人则表示，完全不会在上班时做私事，或者只会在休息时间做。每天"桌面翘班"两小时以上的女性，大约是男性的两倍，而且，年纪越高的人，越不会做这种事。最常见的理由则是"有些私事急需处理"，但有 30% 的人表示，因为必须加班，而且连午餐也无法休息。大部分上班族都相信，老板并不会介意他们的"桌面翘班"。有过半数的人表示，他们的老板认为"只要有所节制就没关系"。

如果在上班时处理私人事务，老板会感觉这样的人不够忠诚和敬业。因为公司是讲求效益的地方，任何投入必须紧紧围绕着产出来进行。上班时处理私人事务，无疑是在浪费公司的资源和时间。如果老板有了这样的想法，不用说重用，你离背包走人估计也不远了。对此，一位老板曾经这样评价一位当着他的面打私人电话的员工："我想，他经常这样做，否则他怎么连我都不防？也许他没有意识到这有违于职业道德。"

龙焱焱在深圳一家民营公司任职。公司规模较大，业务繁忙，尽管如此，龙焱焱还是不忘记打电话给朋友，然后眉飞色舞、手舞足蹈地聊上很长时间。

在龙焱焱的朋友圈子里，所有朋友都知道龙焱焱有这个习惯，他们会在工作时间打电话给她，和她谈一些无关紧要的事情。午饭时间是打电话的最佳时间，因此，龙焱焱的午饭总是简单迅速，因为她要打越洋电话给异国他乡的亲人和朋友。

在这家公司里，在同事的印象中，龙焱焱总是抱着公司的电话在说笑。在龙焱焱心情舒畅地跟朋友说笑时，龙焱焱忘记了自己的周围有同事，这既耽误了自己的工作也影响了同事的工作，而且她朋友的工作也被影响。同时，因为龙焱焱总不放下电话，与公司有关的业务电话也就有可能接不通。

终于有一天，龙焱焱的行为使公司漏接了一项大的业务，公司开始彻查此事，龙焱焱受到了严惩。

在本案例中，龙焱焱的行为是不值得倡导的，不仅有碍公司业务的开拓，同时也影响了老板对龙焱焱的看法，如果龙焱焱不改变现状，那么老板辞退龙焱焱是早晚的事。对此，值得我们深思。龙焱焱就是因为没有很好地区分开工作时间和私人时间而闯出了大祸，如果你不把工作时间做私事当回事，不去认真对待，那么你也很有可能会落得龙焱焱那样的下场。对此，北京某公司的老板说："我不喜欢看见报纸、杂志和闲书在办公时间出现在员工的办公桌上，我认为这样做表明他并不把公司的事情当回事，他只是在混日子。"

事实上，老板与员工的关系是工作关系，单位自然是工作场所，私人电话一般不应该在上班时打来。实在有事，最好在休息时间打，这应该和亲朋好友都说清楚。万一确有急事打电话进来，也应该三言两语，果断清楚。

众所周知，公司付给你的薪水是到下班为止，即使是下班前一分钟也不应该做与工作无关的事。对此，有些单位明文规定，非本部门员工不得进入工作场所，门卫也实行了严格的控制，但有人还是会通过有形或无形的"后门"让亲人进来。这种犯规的行为，一旦被老板发现，是必定要受处分的。

作为一名合格的员工，上班时间内是不应该做私事的，哪怕是见自己的亲人也不允许，即使公司没有明文规定，员工也不宜这样做。员工在工作场合会见亲人，毫无疑问会影响员工的正常工作。

因此，业内专家提醒职场人士，即使遇到了比较重要的事情，也不该让亲人去单位。非本单位的人员往往对公司的机器、设备、原材料等情况并不熟悉，在这样的情况下经常会出事故。轻则磕磕碰碰，弄得头破血流，重则可能有生命危险。我们来看看下面这个真实的案例。

孟晓艳在北京大兴区一家公司做会计，公司规定，财务人员离开办公室时一定要锁好门窗。但是，在前不久的一天，财务部出了一桩失窃案，锁在保险柜里的 100 万元现金被盗。奇怪的是，门并没有被撬动过的痕迹。

经回忆分析，孟晓艳是最后一个离开财务部办公室的人，很可能她忘了锁门，而当晚正好有小偷进来，一看门开着，便乘虚而入。

孟晓艳坚决否认自己忘了锁门，而且她的母亲也到单位来找领导评说道理。

孟晓艳的母亲说："当天下班前，我来找过孟晓艳。"

此举引得全部门议论纷纷。

不管怎样，孟晓艳都是一名不合格的员工。作为一名财务人员，必须做到离开办公室时锁好门窗，而且公司还有硬性规定。另外，孟晓艳在上班时间接待自己的母亲，不仅影响了孟晓艳锁好门窗的责任，而且还给公司造成巨大的损失。孟晓艳的教训是，不应该在上班时间内做私事。

像孟晓艳一样的财务人员，怎么可能赢得老板和同事的信任，放心地把重要的工作交给她处理呢？对老板来说，工作时间处理私人事务的习惯，很大程度上反映出员工工作的心态。有些老板通常把私人事务的多少，当做一名员工是否积极上进、安心本职工作的考核标准。公私不分，工作时间处理私人事务，既影响你的工作质量，也直接影响了你在老板心目中的形象。

对此，业内专家告诫职场人士，要想在竞争中脱颖而出，就必须记住："工作时间不做与工作无关的事，直至下班前一分钟。"

理由 14　在外单位做兼职

如果我发现我的员工有兼职行为，我绝不会重用他，甚至我会辞退他。因为，我认为这是对公司和我本人的不尊重。一心不能二用这是常识，公司需要一心一意的人。

——深圳一家公司的总经理

对于任何一个老板来说，都不希望自己的员工在外单位做兼职，很多单位甚至明文规定禁止员工从事兼职。这一方面是从单位工作机密的角度考虑；另一方面也是从员工工作精神状态角度考虑。

对此，中国青年报社会调查中心通过清华大学媒介调查实验室，对3092人进行了调查。调查显示，金融危机下，83.8%的人有做兼职的想法，仅7.4%的人明确表示没有想过做兼职。调查还显示，30%的人认为，做兼职的人是有上进心的人；但也有25.2%的人认为，做兼职会分散人们做本职工作的精力。

从上述调查结论可以看出，做兼职会分散人们做本职工作的精力已经成为摆在那些有员工在外单位做兼职的企业面前一个难以解决的问题。

汪敏大学毕业后在一家计算机软件公司做销售工作，合同每年一签。老板非常器重汪敏。不久，经朋友介绍，又到另一家软件公司兼职做软件开发工作。

汪敏兼职了一年多之后，被原单位发现了，原单位要解除与汪敏的劳动合同。但汪敏认为解除她的劳动合同是不合理的，因为她的兼职并未影响本职工作，每月的销售任务都按时按量完成，甚至有时还超额完成，所以兼职只是她个人的事。

可单位已经将汪敏的行为视为对公司的"背叛"，为此，公司上诉至劳动争议仲裁机构。

仲裁机构根据以往劳动和社会保障部对此类案件的判例最后裁决：不支持企业解除汪敏劳动合同的要求，劳动合同应继续到合同到期，合同到期之后的续签由双方协商决定。同时也要求汪敏与兼职单位终止兼职劳动关系，兼职单位应当付给汪敏兼职劳动报酬。

目前，裁决虽然已生效，但公司和汪敏都不满意，公司认为像汪敏这样的人无异于一匹"黑马"，岂可再留？而汪敏认为，兼职并未影响本职工作，为何二者不能得兼呢？

合同到期之后，单位还是解聘了汪敏。

汪敏本来可以有一个顺畅的职场，却因为其做兼职而失去。的确，任何一个老板都不希望自己的员工做兼职。对此，深圳一家公司的总经理说："如果我发现我的员工有兼职行为，我绝不会重用他，甚至我会辞退他。因为，我认为这是对公司和我本人的不尊重。一心不能二用这是常识，公司需要一心一意的人。"

不光汪敏的老板不认可其做兼职，事实上，任何一个老板都不会喜欢自己的员工脚踏两只船、一心二用。不少公司都有不准员工兼职的规定，明知故犯的员工等于在向权力挑战，被老板发现后必然没有好果子吃。老板甚至会认为兼职员工在利用办公时间做自己的兼职。所以，别把老板当傻子，以为他好欺骗。香港华昌工贸公司董事长说过："兼职员工我不会重用，有些人可能认为这样的人有能力，可是他们并不忠诚于我们，如果他们集中精力为本公司做事，可能有更好的效益。"该公司的总经理认为："更可恶的是，这些人可能会影响其他人的士气，从大局看，我很不喜欢有兼职的员工。这是不忠诚的表现。"

王涛大学毕业后在某计算机公司软件开发部做高层技术人员，月薪6000元左右。2009年10月起，王涛偷偷地到一家游戏软件公司做兼职游戏设计，两边的薪水加起来，月收入近万元。

可好景不长，王涛在外兼职的风声传到计算机公司老板那里。2009年12月30日，王涛被计算机公司解聘，理由是"擅自在外兼职"。

为此，王涛很不服气。他认为，国家没有任何法规规定不准兼职，而且他与计算机公司的合同未到期，公司此时解聘他涉嫌违约。王涛还说，兼职从未影响他的本职工作，每月任务他都按时按量甚至超额完成。王涛认为，兼职是他个人的事，公司无权干涉。

据该计算机公司人事部范经理称，王涛兼职的行为会影响到公司其他员工。王涛是公司高层技术人员，工资远高于普通员工，他在外兼职会让很多员工有想法，给公司的正常管理带来麻烦。另外，公司有规定，明令禁止员工在外兼职，公司为严肃纪律，才将其解聘。

毋庸置疑，兼职肯定会影响本职工作的完成，在很多时候，兼职还可能涉嫌泄露商业机密。因此，为了自己长远的职场生涯，最好不要兼职，免得被老板辞退。因为兼职而被辞退将是得不偿失的事情。

对此，湖北熠江律师事务所主任律师熊惟蛟表示，劳动法没有限制劳动者不能兼职，但规定：劳动者严重违反劳动纪律或用人单位规章制度的，用人单位可以解除劳动合同。因此，如果企业有规定，明确禁止员工在外兼职，员工有责任遵守这一规定。此外，如果员工到竞争性同类企业兼职，则有泄露企业商业机密的可能，企业有权处罚这种触犯企业利益的行为。王涛本职和兼职从事的都是软件开发，因此存在泄露商业机密的可能，企业有权解除与王涛的合同。在职场这个舞台上，每天都有像王涛这样的悲剧在上演。

　　陈仿在一家报社工作，在网络最热的那年又到一家网站做了兼职网站编辑。可是，就在兼职 6 个月后的一天，陈仿却说她再也不会干兼职了，因为两份工作使她每天非常忙碌，身心严重透支，没有喘息和放松的机会。陈仿说："我突然感到我成了一架机器，一架工作的机器，每天都在不停地运转，总有一天会轰然倒下。"

　　陈仿这样想后，感到非常害怕，并体会到拼命地工作是对心灵的一种扭曲。因此，陈仿就赶紧从兼职的生活状态中"逃"了出来。

在本案例中，陈仿通过切身体会不赞同兼职。还有不少人虽然没有兼职，但他们也明确地反对兼职。他们共同的理由在于，一个人同时干两份工作和只专心致志地投入一份工作，所达到的结果绝对是不同的。如果你要兼职，势必使自己的本职工作投入的精力和时间受到折损，这是毫无疑义的，也许表面看来好像没有什么影响，其实这种影响的深层次的方面在潜移默化地发生作用。"一个萝卜一个坑"，这是自然生长的规律。如果一个坑里非得挤上两个萝卜，恐怕只能生长出畸形的萝卜了。同时，兼职也是对本职单位的一种极其不负责任的行为。

理由 15　老板在与不在时工作两个样

卓越的员工和不合格员工的区别在于，卓越的员工在任何时候都把工作做到最好，而不合格员工能敷衍就敷衍。

——长江实业集团有限公司董事局主席兼总经理　李嘉诚

现在很多员工都有这种毛病，就是当着老板的面工作非常积极，老板不在的时候就十分散漫，这种工作态度是不可取的。

如果你是这样一个两面人，或者有这样的想法，奉劝你最好马上打住，因为如果任由自己这样发展下去，到头来受到损害的还是你自己。如果你的这种行为已经成为一种习惯的话，你得下力气改了。因为你在蒙蔽老板的时候，不但伤害了自己和老板，更失去了同事对你的信任。你在不知不觉中就会被人们孤立起来，慢慢地变成孤家寡人。我们来看看下面这个真实的案例。

宇文小敏是上海一家大型商贸公司的员工，同事都说宇文小敏聪明。一旦老板在，宇文小敏工作总是非常卖力，干完自己的工作，还帮着别人做一些事情。每当看到宇文小敏的工作表现非常好时，老板都很高兴，并打算提拔她为该公司行政部总监。可是，一旦老板不在，宇文小敏就觉得应该松口气，放松放松了。

宇文小敏觉得只要让老板看到自己努力工作就行，老板不在时，上网聊聊天，看看与工作无关的报纸或杂志，或和同事乱侃一通都无所谓。

天下没有不透风的墙，宇文小敏的表现终于让老板知道了。

有一天，老板刚出去就杀了个回马枪，当时宇文小敏正上网聊天，让老板逮了个正着。等待宇文小敏的将是什么，大家可想而知了。

在本案例中，宇文小敏是一个典型的案例。如果宇文小敏无论老板在与不在一个样地努力工作，那么她肯定被提拔为行政部总监，至少不会被老板辞退。为什么会有这种现象出现呢？其实这正反映了许多员工的一种心态。很多员工在工作的时候眼睛总是盯着老板，心思不是放在工作上，而是放在老板身上，当然他们不是想着为老板为公司做好工作，而是看老板在不在，老板在时一个样，老板不在时又一个样，只做表面文章。这种员工往往心存歪念，当着老板的面就拼命干，老板不在时就不干；老板在时总是规规矩矩，老板不在时就为所欲为。

有的员工认为，当老板离开公司的时候，就是自己最轻松、最自由自在、最没有压力的时候；而有的员工则把它看做是考验自己对企业的忠诚度、衡量自己的工作态度和工作责任心的时候。应该说，在以制度管人、以考核制约人的今天，老板不在并不意味着完全失去了对公司、对员工的管理和控制。

对一名合格员工来说，当老板不在时，更应该摆正自己的心态和位置，自动做自己的老板，自发做公司的主人，绝不能因为脱离了老板的管理和监督就放任自流，想干什么就干什么，想偷懒就偷懒。如果一个员工总是认为工作是为老板干，干活仅仅是为了拿一份工资，为了养家糊口，没有更高的追求，趁着老板不在的时候推卸责任、偷懒、影响他人，这样的员工在公司就无一点价值，在竞争中就有被淘汰的可能。相反，当老板在与不在都一样时，这样的员工将被老板提拔重用。齐瓦勃就是这样一个员工。

也许有人听说过齐瓦勃，他是伯利恒钢铁公司——美国第三大钢铁公司的创始人。齐瓦勃出生在美国乡村，只受过短暂的学校教育。

15 岁那年，家中一贫如洗的齐瓦勃到一个山村做了马夫。然而雄心勃勃的齐瓦勃无时无刻不在寻找着发展的机遇。

三年后，齐瓦勃终于来到钢铁大王卡内基所属的一个建筑工地打工。一踏进建筑工地，齐瓦勃就抱定了要做同事中最优秀的人的决心。当其他人在抱怨工作辛苦、薪水低而怠工的时候，齐瓦勃却默默地积累着工作经验，并自学建筑知识。

一天晚上，同伴们在闲聊，唯独齐瓦勃躲在角落里看书。那天恰巧公司经理到工地检查工作，经理看了看齐瓦勃手中的书，又翻开他的笔记本，什么也没说就走了。

第二天，公司经理把齐瓦勃叫到办公室，问："你学那些东西干什么？"

齐瓦勃说："我想我们公司并不缺少打工者，缺少的是既有工作经验又有专业知识的技术人员或管理者，对吗？"

经理点了点头。不久，齐瓦勃就被升任为技师。打工者中，有些人讽刺挖苦齐瓦勃，齐瓦勃回答说："我不光是在为老板打工，更不单纯是为了赚钱，我是在为自己的梦想打工，为自己的远大前途打工。我们只能在业绩中提升自己。我要使自己工作所产生的价值，远远超过所得的薪水，只有这样我才能得到重用，才能获得机遇！"

抱着这样的信念，齐瓦勃一步步升到了总工程师的职位上。25 岁那年，齐瓦勃又做了这家建筑公司的总经理。

卡内基的钢铁公司有一个天才工程师兼合伙人琼斯，在建筑公司最大的布拉德钢铁厂时，琼斯发现了齐瓦勃超人的工作热情和管理才能。当时身为总经理的齐瓦勃，每天都是最早来到建筑工地。

琼斯问齐瓦勃为什么总来这么早，齐瓦勃回答说："只有这样，当有什么急事的时候，才不至于被耽搁。"

工厂建好后，琼斯推荐齐瓦勃做了自己的副手，主管全厂事务。两年后，琼斯在一次事故中丧生，齐瓦勃便接任了厂长一职。因为齐瓦勃的天才管理艺术及工作态度，布拉德钢铁厂成了卡内基钢铁公司的灵魂。因为有了这个工厂，卡内基才敢说："什么时候我想占领市场，市场就是我的。因为我能造出又便宜又好的钢材。"

几年后，齐瓦勃被卡内基任命为钢铁公司的董事长。

齐瓦勃担任董事长的第七年，当时控制着美国铁路命脉的大财阀摩根，提出与卡内基联合经营钢铁。开始时，卡内基没理会。于是摩根放出风声，说如果卡内基拒绝，摩根就找当时居美国钢铁业第二位的贝斯列赫母钢铁公司联合。这下卡内基慌了，卡内基知道贝斯列赫母与摩根联合，就会对自己的发展构成威胁。

一天，卡内基递给齐瓦勃一份清单说："按上面的条件，你去与摩根谈联合的事宜。"

齐瓦勃接过来看了看，对摩根和贝列赫母公司的情况了如指掌的他微笑着对卡内基说："您有最后的决定权，但我想告诉您，按这些条件去谈，摩根肯定乐于接受，但您将损失一大笔钱。看来您对这件事没有我调查得详细。"

经过分析，卡内基承认自己过高地估计了摩根。卡内基全权委托齐瓦勃与摩根谈判，取得了对卡内基有绝对优势的联合条件。摩根感到自己吃了亏，就对齐瓦勃说："既然这样，那就请卡内基明天到我的办公室来签字吧。"

齐瓦勃第二天一早就来到了摩根的办公室，向他转达了卡内基的话："从第51号街到华尔街的距离，与从华尔街到51号街的距离是一样的。"

摩根沉吟了半晌说："那我过去好了！"

摩根从未屈就到过别人的办公室，但这次他遇到的是全身心投入的齐瓦勃，所以只好低下自己高傲的头颅。

后来，齐瓦勃终于建立了自己的伯利恒钢铁公司，并创下了非凡业绩，真正完成了他从一个打工者到创业者的飞跃。

齐瓦勃的成功，源于其"在为自己工作"的思维，齐瓦勃的工作态度并不取决于老板在场与否，而是不论做什么事，务必具有自我规划和管理的能力与习惯。这种能力和习惯的有无可以决定一个人工作的好坏及其日后事业上的成败。

研究发现，在现实职场中，员工对待工作难免会有这样的想法：公司属于老板，自己只是一个打工的，没必要拼死拼活，那么卖力苦干。他们用一种应付的心理去工作，当着老板的面，工作积极，忠心耿耿，是一位非常优秀的员工；可是一旦老板不在，他们便会表现出懈怠、懒惰、自私甚至丑恶的一面。在这里，我们来看看一个公司老板的自述。

我在8年前开了一个公司，由于工作需要，我经常出差，通常出差都在半个月左右。

于是，公司发生了微妙变化，当我出差后所有的员工似乎都松了一口气。

第一天，胆大的员工开始到处走动，有的员工开始不时地聊天。

过了几天，员工们的话题越来越丰富了，休息室里有的员工把喝茶喝咖啡的时间从以前端一杯就走，变成了坐着慢慢品尝。

似乎大多数员工都为自己找到了"不用着急"的理由。

又过了几天，公司里开始出现一些混乱，因为工作毕竟需要集体合作，没有了我的督促，没有了统一的进度，工作进度变得十分缓慢。

渐渐地，有的员工开始叹息要是我在就好了……

这个老板向笔者倾诉的时候，笔者真的不愿相信这是真的，因为在笔者接触的老板中，这个老板的管理能力还是较强的。不过，他后来说，把那些老板在与不在一个样的员工提拔重用，把那些作秀的员工统统辞退了。

对此，业内专家告诫职场人士："作为一个合格的员工，老板在场也好，不在场也好，都应该勤勤恳恳地把工作做好。要知道，工作不是做给老板看的，而是给自己做的，不管老板在不在场，都必须做好。一个优秀的员工会做到老板在与不在一个样，甚至会在老板不在的时候，工作更负责任，更加勤奋，更加努力，这样有高度自觉性的员工，就能立于不败之地，使自己的人生永远充满灿烂和辉煌。"

在上述专家的警示中，我们看到，卓越的员工和不合格员工的区别在于，卓越的员工在任何时候都把工作做到最好，而不合格员工能敷衍就敷衍。

理由 16　不注重细节

在当今这个竞争异常激烈的时代，要想被老板提拔重用，就需要努力追求卓越，而追求卓越的关键就是做任何事情都要注重细节，精益求精。

——微软公司的 CEO　史蒂夫·鲍尔默

在这个细节决定成败的时代，如果你不注重细节，那么你将被这个时代踢出局。或许，你认为笔者在这里夸大其词；或许，你认为笔者在这里捕风捉影；或许，你认为笔者在这里自我肯定。但是笔者不得不告诉你的是，这是笔者接触数十个老板得出的结论。因此，你要想在职场上游刃有余，那么就请你注重细节。

注重细节，必须从小事做起，把每一件简单的事情做到最好，精益求精，这样的话就可以取得成功，创造辉煌；而不重视细节，浮躁粗心，贪大求洋，不屑于做具体的事情，则将一事无成，只能以失败而告终。笔者曾在一个公司见到一个真实的故事，觉得对职场人士具有借鉴意义。

凤冈县蓝科酒业有限责任公司是一家典型的家族企业。由于要布局全国市场，于是招聘一名开拓市场的营销总监，年薪80万元，数百名应聘者云集于此，其中不乏高学历、多证书、有相关工作经验的人。经过初试、笔试等四轮考试淘汰后，只剩下6个应聘者。第五轮将由老板罗永庆来亲自面试。

可是当面试开始时，主考官却发现考场上多出一个人，出现了7个考生，于是就问道："有不是来参加面试的人吗?"

这时，坐在最后面的一个男子站起身说："先生，我第一轮就被淘汰了，但我想参加一下面试。"

人们听到他这么讲，都笑了，就连站在门口为人们倒水的那个老头子也忍不住笑了。主考官也不以为然地问："你连考试第一关都过不了，又有什么必要来参加这次面试呢?"

这个男子说："因为我掌握了别人没有的财富，我自己本人即是一大财富。"

大家又一次哈哈大笑了，都认为这个人不是头脑有毛病，就是狂妄自大。

这个男子说："我虽然只是本科毕业，只有中级职称，可是我却有着20年的工作经验，曾在8家公司任过职……"这时主考官马上插话说："虽然你的学历和职称都不高，但是工作20年倒是很不错，不过你却先后跳槽8家公司，这可不是一种令人欣赏的行为。"

男子说："先生，我没有跳槽，而是那8家公司先后倒闭了。"

在场的人第三次笑了。一个考生说："你真是一个地地道道的失败者!"

男子也笑了："不，这不是我的失败，而是那些公司的失败。这些失败积累成我自己的财富。"

这时，站在门口的老头子走上前，给主考官倒茶。男子继续说："我很了解那8家公司，我曾与同事努力挽救它们，虽然不成功，但我知道错误与失败的每一个细节，并从中学到了许多东西，这是其他人所学不到的。很多人只是追求成功，而我，更有经验避免错误与失败！"

男子停顿了一会儿，接着说："我深知，成功的经验大抵相似，容易模仿；而失败的原因各有不同。用10年学习成功经验，不如用同样的时间经历错误与失败，所学的东西更多、更深刻；别人的成功经历很难成为我们的财富，但别人的失败过程却可以！"

男子离开座位，做出转身出门的样子，又忽然回过头来："这20年经历的8家公司，培养、锻炼了我对人、对事、对未来的敏锐洞察力，举个小例子吧——真正的考官，不是您，而是这位倒茶的老人……"

在场所有人都感到惊愕，目光转而注视着倒茶的老头。那老头诧异至极，但很快恢复了镇静，随后笑了："很好！你被录取了，但是我想知道你是如何知道这一切的？"

老头的言语表明他确实是这家大公司的老板。这次轮到这位考生笑了。

一个人的能力是一种不能用编程来表现的东西，因而是学不到的。世事洞明皆学问，人情练达即文章。这个考生能够从倒茶水的老头的眼神、气度、举止等，看出他是这个企业的老板，说明他是一个观察力很强的人。这种洞烛入微的功夫不是一朝一夕能够练就的，而需要长期的积累，在对细节的观察中不断地训练和提高。成功者的共同特点，就是能做小事情，能够抓住生活中的一些细节。不论什么事，实际上都是由一些细节组成的。

美国福特汽车公司创始人亨利·福特，1879年离开家乡去底特律做机械师学徒工，学成后，亨利·福特去一家名为西屋电气的公司应聘。

和亨利·福特同时应聘的三四个人都比他学历高，当前面几个人面试之后，亨利·福特觉得自己没有什么希望了。

但既来之，则安之。亨利·福特敲门走进了董事长办公室，一进办公室，福特发现门口地上有一张纸，弯腰捡了起来，发现是一张渍纸，便顺手把它扔进了废纸篓里。然后才走到董事长的办公桌前，说："我是来应聘的亨利·福特。"

董事长说："很好，很好！福特先生，你已被我们录用了。"

福特惊讶地说："董事长，我觉得前几位都比我好，你怎么把我录用了？"

董事长说："福特先生，前面三位的确学历比你高，且仪表堂堂，但是他们的眼睛只能'看见'大事，而看不见小事。你的眼睛能看见小事，我认为能看见小事的人，将来自然能看到大事，一个只能'看见'大事的人，他会忽略很多小事。他是不会成功的。所以，我才录用你。"

福特就这样进了西屋电气公司，1891年福特成为爱迪生照明公司的一个工程师。

当亨利·福特1893年晋升为主工程师后，亨利·福特有足够的时间和钱财来进行他个人对内燃机的研究。

1896年，亨利·福特制造了他的第一辆汽车，将它命名为"四轮车"（Quadri cycle）。此后亨利·福特与另外一些发明家离开爱迪生照明公司，他们一起成立了底特律汽车公司。但这家公司很快就倒闭了，因为福特一心只想研究新车而忽视了卖车。亨利·福特让他的车与其他公司的车比赛来证明他的车的优良性。

亨利·福特自己的第二家公司主要产品是他的赛车，1901年10月10日他甚至亲自开车获胜。但不久亨利·福特的资助者就迫使他离开了亨利·福特公司，此后这家公司被改名为凯迪拉克。

福特与另外11位投资者以2.8万美元的资金于1903年建立了福特汽车公司。亨利·福特新设计的车只用39.4秒就开过了1英里，当时的一个著名的赛车运动员将这辆车命名为福特999型，并开着它周游美国。这样一来福特在美国就出名了。

1908年，福特公司推出了福特T型车。从1909年至1913年，福特的T型车在多次比赛中获胜。1913年，亨利·福特退出了比赛，因为他对比赛的规则不满。这时候亨利·福特也没有必要参加比赛了，因为T型车已经非常出名。

同年福特将流水线引入他的工厂，从而极大地提高了生产量。1918年半数在美国运行的汽车是T型。福特非常注意倡扬和保护T型的设计。福特说："顾客可以将这辆车漆成任何他所愿意的颜色，只要它保持它的黑色。"这个设计一直被保持到1927年。

到1927年福特一共生产了1500万辆T型车。此后45年内这是一个世界纪录。这个公司不久就扬名天下，福特把这个公司改为"福特公司"，也相应改变了整个美国国民经济状况，使美国汽车产业在世界占据鳌头。这就是今天"美国福特公司"的创造人福特。

其实，在本案例中，福特的做法跟很多人一样，在面对学历比自己高，能力和经验比自己丰富的人的情况下，只是硬着头皮去见董事长而已，但是，面对地上的渍纸福特习惯性地把它丢进了废纸篓里。

其实，福特之所以面试会胜出，完全就是出于根植于员工的内心深处的责任心，可能有人说，这张废纸有那么重要吗？说它重要，它就重要；说它不重要，它就不重要。从上述案例，我们可以得出一个启示，那就是只有看见小事的人才能看见大事，但只能"看见"大事的人，不一定能看见小事，因为天下的大事都是由小事组成。集小恶则成大恶，集小善则为大善。这是很重要的道理。

确实，对于责任心，每个人都有自己的理解，"把每一件简单的事做对就是不简单，把每一件平凡的事做对就是不平凡"，这是海尔集团总裁张瑞敏曾说的两句话。

张瑞敏给我们每一个职场人士的警示是，作为一线员工，每天做的都是普通的事情，谁也不敢说自己是一个成功的人，但是不敢轻言成功并不代表不成功，关键就在于努力做好每一件事，说好每一句话，干好每一件工作。因为缺乏责任心的话，1% 的错误会带来 100% 的失败，忽视细节的代价就是 $100-1=0$。在给企业的培训中，笔者经常拿"一个马钉失去一场战斗的代价"来告诫企业的领导者。

国王查理三世准备拼死一战了。里奇蒙德伯爵亨利带领的军队正迎面扑来，这场战斗将决定谁统治英国。

战斗进行的当天早上，查理派了一个马夫去备好自己最喜欢的战马。

"快点给它钉掌，"马夫对铁匠说，"国王希望骑着它打头阵。"

"你得等等，"铁匠回答，"我前几天给国王全军的马都钉了掌，现在我得找点儿铁片来。"

"我等不及了。"马夫不耐烦地叫道，"国王的敌人正在推进，我们必须在战场上迎击敌兵，有什么你就用什么吧。"

铁匠埋头干活，从一根铁条上弄下四个马掌，把它们砸平、整形，固定在马蹄上，然后开始钉钉子。钉了三个掌后，他发现没有钉子来钉第四个掌了。

"我需要一两个钉子，"他说，"得需要点儿时间砸出两个。"

"我告诉过你我等不及了，"马夫急切地说，"我听见军号了，你能不能凑合？"

"我能把马掌钉上，但是不能像其他几个那么牢固。"

"能不能挂住？"马夫问。

"应该能，"铁匠回答，"但我没把握。"

"好吧，就这样，"马夫叫道，"快点，要不然国王会怪罪到咱们俩头上的。"

两军交上了锋，查理国王冲锋陷阵，鞭策士兵迎战敌人。"冲啊，冲啊!"他喊着,率领部队冲向敌阵。远远地,他看见战场另一头几个自己的士兵退却了。如果别人看见他们这样,也会后退的,所以查理策马扬鞭冲向那个缺口,召唤士兵调头战斗。

他还没走到一半,一只马掌掉了,战马跌翻在地,查理也被掀翻在地上。

国王还没来得及再抓住缰绳,惊恐的牲畜就起来逃走了。查理环顾四周,他的士兵们纷纷转身撤退,敌人的军队包围了上来。

他在空中挥舞宝剑,"马!"他喊道,"一匹马,我的国家倾覆就因为这一匹马。"

他没有马骑了,他的军队已经分崩离析,士兵们自顾不暇。不一会儿,敌军俘获了查理,战斗结束了。

任何工作都是由一个个细节组成的,许多看起来不重要的细节最终却破坏了大局。如果员工缺乏责任心,工作马马虎虎,这样的企业会在将来某一天因为一件小事情而引发一场不可收拾的危机。

就像上述案例一样,仅仅因为少了一个马掌钉从而导致整个战局的失利。因此,伟大源于细节的积累,这要求我们每一个人都要从小事着眼,从小处入手,从一言一行抓起,从一点一滴做起,如:发现地上的烟头、纸屑,弯腰捡起;水房的水龙头开了顺手关掉;客人来了说声"你好!",等等。把所在的企业当成自己的家园来建设,从思想上做到有"主人翁"的意识,中国的明天会因为你而更加灿烂、更加美好。

理由 17　长期固化的打工思维

有了老板心态，你就会成为一个值得信赖的人，一个老板乐于接受的人，从而也是一个可托大事的人。因为一个为公司尽职尽责完成工作的人，往往已经把这份工作看成是自己的事业，自己的事业是公司事业的一部分，公司的事业也就是自己的事业。

——美国钢铁大王　安德鲁·卡内基

在很多场合，很多老板一致的看法就是辞退那些"我不过是在为老板打工"心态的员工，因为有这样的想法的员工，工作散漫，在他们看来，工作只是一种简单的雇佣关系，做多做少，做好做坏对自己意义并不大，反正利润都归老板了。

众所周知，"我不过是在为别人打工"这句话隐藏着的另外一层意思是："如果我是老板，我会更加努力。"但是，事实却并非如此，因为抱着"如果自己当老板，我会更努力"的想法就会变成一种不良的情绪。有些人的态度十分明确："我是不可能永远打工的。打工只是过程，当老板才是目的。我每干一份工作都是在为自己获得经验和开阔眼界。等到机会成熟，我会毫不犹豫地自己去干。"即使有一天你真的创业，也会失败的。

牛小宇是深圳一家网络公司的员工，能力出众，才华横溢，但是对待工作总是显得漫不经心。当同事就此问题和他交流时，牛小宇的回答是："这又不是我的公司，我没有必要为老板拼命。如果是我自己的公司，我相信自己会像老板一样夜以继日地工作，甚至会比他做得更好。"

一年以后，牛小宇离开了原来的公司，自己独立创业，开办了一家事务所。在离开的时候信誓旦旦地说："我会很用心地做好它，因为它是我自己的。"

同事提醒牛小宇注意，对未来可能遭遇的挫折一定要有足够的思想准备。

半年以后，同事在一次招聘会上见到了牛小宇，他的公司一个月前倒闭了，他正在招聘会上投简历、找工作。

事实上，从某种意义上来说，打工心态真是害人不浅，长期的打工心态固化了人的思维，淡化了人的责任感，扼杀了人的创新思维，没有成本观念和质量意识，缺乏长远规划。最为关键的是，打工打得越久，看问题的视角就越悲观，总是站在受害人的角度思考问题，结果自己也就越自卑。牛小宇创业失败，是因为打工思维禁锢了他，失败的结果也就在意料之中。一开始，许多年轻人都会抱着满腔热情，全身心投入其中，但是一遭遇困境，就缺乏足够的耐心坚持下去。外在的物质利益只能起短时间的刺激作用，必须养成持之以恒和努力的良好习惯。

令狐胜利和钱肖剑在东莞一家工厂上班，而且同在一个车间里工作，每当下班的铃声响起，钱肖剑总是第一个换上衣服，冲出厂房，而令狐胜利则总是最后一个离开，他十分认真地做完自己的工作，并且在车间里走一圈，看到没有问题后才关上大门。

有一天，钱肖剑和令狐胜利在酒吧里喝酒，钱肖剑对令狐胜利说："你让我们感到难堪。"

"为什么？"令狐胜利有些疑惑不解。

"你让老板认为我们不够努力。"钱肖剑停顿了一下又说，"要知道，我们不过是在为别人工作。"

"是的，我们是在为老板工作，但是，也是在为自己工作。"令狐胜利的回答十分肯定有力。

半年后，老板提拔令狐胜利为该厂副厂长，而钱肖剑则被老板辞退了。

在本案例中，令狐胜利和钱肖剑差不多是同时进厂的，差别为什么那么大呢？原因就是打工思维害了钱肖剑。

研究发现，抛弃打工心态，以老板的意识和心态对待工作，不仅是企业发展的需要，更是我们职业发展的需要。每一个人都应该明白，你的任何努力都是在为自己的成长和进步积累资本。尽管表面上是为老板的公司工作，实际却是为自己工作。不仅工资和奖金要靠自己的工作业绩来换取，个人在公司的地位升迁，人格的提升和品行锻炼无一不是自身努力的结果。一定要自己让自己努力，因为收获最大的是你自己。没有谁能够取代你，更没有谁能够掩盖你，要活出自己的精彩，就要在工作岗位上展示自己的才华和忠诚。一个优秀的员工必须做到：以老板的心态对待工作，像老板一样，把公司当成自己的事业。

因此，从现在开始，改变做"打工仔"的观念，把公司的事当成自己的事，一心一意投入到公司的事业中，个人与企业一起发展，最终就会实现个人与企业的和谐双赢。但是，大多数人并没有认识到自己在为他人工作的同时，也是在为自己工作——你不仅为自己赚到养家糊口的薪水，还为自己积累了工作经验，工作带给你的是远远超过薪水的东西。从某种意义上来说，工作真正是为了自己。在这里，我们来看看钢铁大王安德鲁·卡内基的故事。

安德鲁·卡内基在进入钢铁业之前，是宾夕法尼亚铁路公司的一名小职员。当时的铁路公司总经理是考斯特，威望很高，刚踏入社会的安德鲁·卡内基把他当成偶像。

那时的铁路是单线的，为错车通行，经常需要用电报指令发车。电报指令发车是一种应急手段，有很大的风险，所以只有经过考斯特授权的人，才可以使用电报指令。

铁路草创时期，员工没有受过培训，所以经常出事故。考斯特晚上常常去事故现场，指挥疏导交通，所以第二天上午一般就来得比较晚。

有一天上午，安德鲁·卡内基来到办公室，考斯特没到。安德鲁·卡内基发现东部发生了一起严重事故，耽误了向西开的列车。东向的列车是由信号员一段一段地用手工信号引领着向前，没人指挥，手工效率极慢，因此东西两个方向的列车都停了。

情况紧急，公司的事就是自己的事，这时候，安德鲁·卡内基显示了与众不同的领导力。一时找不到考斯特，安德鲁·卡内基没有得到授权，但为了列车行驶畅通，他冒着可能被辞退的风险私自用考斯特的名义发出了行车指令。平时都是考斯特口授，安德鲁·卡内基记录，安德鲁·卡内基还是比较熟悉业务的。这时他特别小心，坐在机器边仔细观察信号，因为一旦出错，就意味着被开除。好在一切顺利，接受指令的人并不知道这些指令是安德鲁·卡内基发出的。

因为越权犯上，考斯特回来后，安德鲁·卡内基几乎不敢看他。后来安德鲁·卡内基得知，就在当天晚上，考斯特对一位部下透露：要不是安德鲁·卡内基发出行车指令，考斯特就要承担停车事故的责任。安德鲁·卡内基越权犯上，帮了考斯特一个大忙。

看到安德鲁·卡内基有这样的能力之后，考斯特干脆就把这件事交给安德鲁·卡内基来办。安德鲁·卡内基越权获得了相应的权力，主要是平时积累了相应的能力，执行中没有出错，并在关键时刻敢于抓住机会。

（案例来源：网易财经，作者：吴定则）

从安德鲁·卡内基的这个案例中，我们不难发现，正是卡内基有了这种老板的心态，从而在工作中逐渐积累经验，逐渐掌握了电报发车的要诀和技巧。就这样，卡内基从一个普通的小职员升任到专业的发车员，又到总经理，最后到大家熟知的钢铁大王。

卡内基在接受美国《华盛顿邮报》采访时谈到了他的成功经历，他说："有了老板心态，你就会成为一个值得信赖的人，一个老板乐于接受的人，从而也是一个可托付大事的人。可以这么讲，有老板心态的人最终不一定都会成为老板，但是，没有老板心态的人肯定最终成不了老板。以老板的心态对待工作，就要像老板一样，把公司当成自己的事业。如果你是老板，你一定会希望员工能和自己一样，更加努力，更加勤奋，更加积极主动。因此，当你的老板提出这样的要求时，你就应当积极努力去做，用心去做，创造性地去做。有了老板心态，你就会成为一个值得信赖的人，一个老板乐于接受的人，从而也是一个可托付大事的人。因为一个为公司尽职尽责完成工作的人，往往已经把这份工作看成是自己的事业，自己的事业是公司事业的一部分，公司的事业也就是自己的事业。"

相反，你不仅被老板辞退，而且还会在找工作的轮回中度过人生。曾有这样一个故事：

贝恩做了一辈子木匠，并且以其敬业和勤奋深得老板的信任。年老力衰时，贝恩对老板说，自己想退休回家与妻儿享受天伦之乐。老板十分舍不得他，再三挽留，但是他去意已决，不为所动。于是老板只好答应他的请辞，但希望他能再帮助自己盖一座房子。贝恩自然无法推辞。

贝恩已归心似箭，心思全不在工作上了。用料不再那么严格，做出的活也全无往日的水准。老板看在眼里，却什么也没说。等到房子

92

盖好后，老板将钥匙交给了贝恩。

"这是你的房子，"老板说，"我送给你的礼物。"

老木匠愣住了，悔恨和羞愧溢于言表。一生盖了如此之多的华亭豪宅，最后却为自己建了这样一座粗制滥造的房子。

这也许不过是一个故事，但却生动地说明了，你所做的努力并不完全是为了老板，你归根结底是在为自己而工作。贝恩没有保持晚节，而许多年轻人却是一踏入社会就缺乏责任心，以善于投机取巧为荣；老板一转身就懈怠下来，没有监督就没有工作；工作推诿塞责，画地自封；不思进取，常以种种借口来遮掩自己的缺乏责任心。懒散、消极、怀疑、抱怨……种种职业病如同瘟疫一样在企业、机关、学校中流行，付出多么大的努力都挥之不去。

值得钦佩的是那些不论老板是否在办公室都会努力工作的人，那些尽心尽力完成自己工作的人。这种人永远不会被解雇，他在任何地方都会受到欢迎，这个时代更需要这种人才。

理由 18　在老板背后说他的坏话

在职场上，员工最忌讳的就是在背后说老板的坏话，一旦老板知道，轻则降级，重则辞退。

——美国哈佛大学心理学教授　霍华德·加德纳

作为职场人士，每一个人都或多或少曾说过老板的坏话。尽管如此，笔者还是觉得在老板背后说坏话是一种不道德的行为。根据调查，职场人士说老板的坏话甚至最后导致离职的几个原因是：第一，老板经常说话不算话，据调查有将近2/5的老板食言，让下属觉得郁闷，因此下属经常离职；第二，管理面和执行面上的落差，造成老板与下属在认知上产生落差，这种共识上的鸿沟久而久之形成情感的疏离，促使员工一遇机会就说老板的不是，好发泄心中的不满；第三，觉得老板比自己笨，要跟他共事已经很辛苦。再看一个案例。

宋刚刚参加工作时，为了表现自己能胜任财务工作，他在各种场合都会找机会表现自己。而他的老板在某些方面的确不如他。

为此，同事们在私下谈论的时候就会对上司说三道四。

世上没有不透风的墙，老板知道后当然也不示弱，在一次例会上，老板直截了当地说："搞财务工作的人要求冷静、细致，但有的同志在工作上却很浮躁，这样对我们的工作极为不利，小心摔跟头。"

这威胁的潜台词令人不寒而栗，同事们虽然口里不说什么，但心里说什么也不服气。

宋刚不服气，依然在背后说老板不如自己。

后来，老板实在忍无可忍，于是找个理由把宋刚辞退了。

对于员工来说，不要老把眼光盯在老板不足的方面，应该去尝试找老板的闪光点，因为职场比拼的是综合素质，而不是专业。俗话说，尺有所短，寸有所长。或许老板在很多方面不如你，但毕竟也只是在某些方面而已。你一技之长胜过他，可他的综合素质比你强。只要你留心老板的优点，并经常把他对公司的决策思路与你自己的思路相比较，就会从中找出自己的差距。

事实上，如果员工太介意老板的不足，在没有全面认识老板的情况下，妄自对老板说三道四，显出不服管教的态度，这会让老板的威信受到挑战。如果你不重视老板，老板自然也不会重视你，甚至还会出现像上述案例中那样的结局——被解雇。那么什么样的员工最不受老板喜欢呢？2008年11月12日《北京晚报》的报道称，"说老板的坏话者"名列榜首。其实，多数街谈巷议往往无伤大雅。有些人甚至认为，这与闲来无事时"嗑瓜子"一样的简单而有趣。然而，在公司里，添油加醋、颠倒黑白地说老板的坏话却像瓜子中的"臭子儿"，不小心吃到一粒，咽也不是吐也不是，十足败坏了兴致。

在外企发展顺利，原定今年下半年就要升任部门主管的Diana突然传出被辞退的消息，对于她的被辞，公司同事间有许多传言，有人说她是被同事干掉的，原因只不过是Diana在背后说了几句老板的坏话。

Diana做事认真负责而且有创意。老板将公司网页改版的工作交给她，不料竟成了她被辞的导火线。

网页设计其实是一件极单纯的事，但 Diana 为了让网页能将产品成功外销到公司的新市场，不顾老板的限时要求，坚持网页的效果和功能一定要做到尽善尽美。

但这么一来网页改版的进度就严重落后了，并且影响到公司参展的效果，老板于是在开会时对一向倚重的 Diana 略有微词。好面子的 Diana 被老板修理了一下之后，就在与同事共进午餐时，大大说了老板的坏话，她觉得跟这样的老板共事很倒霉、不值得，不如辞职吧。谁知这几句话被同事传给了老板，老板就把她辞退了。

Diana 本来有一个较为明朗的职场路线图，只是因为说了老板坏话而被老板辞退，实在是不值得。

其实 Diana 并不是唯一的个案，在职场中，有些很有能力的员工，经常无缘无故地被老板辞退。虽然他们被辞退得非常冤枉，但他们大多都是因为自己口无遮拦，有意无意表露几句对老板或者是前任老板的不满和愤怒，却让企业的传播者经过加工后传到老板的耳朵里。那么，员工怎样才能与老板相处呢？怎样和老板交流和沟通呢？

对此，业内专家认为，员工要切实做到不仅平时就是在被冤枉的时候也不讲老板的坏话，只有时常怀着感恩之心对待老板和发生的一切，才会有制怒的力量，才能养成在人前人后不说老板坏话的习惯。这不但是做人的道理，而且是职场中做人的准则。在这里，日本共同电机株式会社技术开发课课长王正林就用自己的亲身经历提醒职场人士必须注意，千万别说老板的坏话，否则你将被辞退。

如果有人要追问：哪些属于老板的心理底线？我只能说是：人上一百，形形色色。我曾经的老板冈本，就把讲他的坏话，定为自己的心理底线之一，却是千真万确的事。我的第一任老板姓冈本。1995 年深秋，我到公司上班的第一天，冈本就告诫我："能在他手下工作满三年的员工，可以在全日本任何一位老板的手下工作。"并直截了当地警告我："一是要老实，二是不能批判老板。"

当时，我除了感觉莫名其妙之外，就是觉得太夸张，但我还是怀着感激之情认真听了他的谈话。后来我才发现，除了同他创业的3位元老级人物之外，在营业部和市场战略部留下来的员工，真没有一位在他的手下干满过三年。

冈本的脾气很怪。无论什么样的方案，一旦被他认为是可行而错过了机会的，手下全都要挨骂。每当这时，我当然是最悲惨的一个了，因为他骂中国人和日本人时我都得在场，而且还不给我申诉的机会。特别是有些中国技术人员的日语水平，还达不到听懂骂人的日本话的时候，他还得一边看着我的表情，一边逼着我用中文骂一遍。

每当如此，我只好在脑子里先摆上老板的尊容，在心里先骂上一句"去他娘"之后，然后不停地咀嚼着"儿子打老子"。即使如此，每次下来，被骂的中国人全都要冲我骂回去才算完。这种尴尬让我简直崩溃。

第一年，我曾经有过好几次想离开公司的想法，可就是下不了决心。原因是拖家带口地在日本生活，一旦失去正式工作，在全世界物价最高的东京生活，简直不敢想象。

可人毕竟有忍受不住的时候。有一次，因为一个项目没有达到预期的目的，在冈本骂大家的同时，几位中国技术人员当面就向我发难，我成了风箱里的"耗子"，两头受气。

那种憋屈险些使我爆发起来。可冈本还余怒未息，让大家散去之后，又把我一个人叫到小会议室，关上门做"单兵训练"。那种"风萧萧兮易水寒，壮士一去兮不复还"的悲凉，应该已经从我的表情中流露了出来，但我还是直接向他吼出了"士可杀，不可辱"。惊诧与暴怒之下，冈本当场就"炒"了我的"鱿鱼"。

我感到横竖都是"死"，就专门找了一个歪理气他："你炒不了我的鱿鱼，得让人事部长来炒我，因为手续只有人事部长才能办。"他气得摔门而去。我虽然也愤怒异常，但因为要坚守着"绝不说老板的坏话"的承诺，于是独自一人关着门呆坐了老半天，等心情稍微平静了一点之后才出来，终于忍住没有在中日两国技术人员面前说他一句坏话。

事情过了两天，人事部长既没有找我，冈本也照常叫我去谈工作，好像什么事也没发生过一样。原来，他根本没有同人事部长讲要炒我"鱿鱼"的事。

从那以后，他们几乎形成了默契，冈本照常在大庭广众之下整我。但是，只要是被老板冤枉的，我在同老板独处时也会整他。这样整来整去，一下子就过去了8年，公司的年营业额增长到52亿日元，我的头衔也早从一个办事员变成了中国事业部部长。

直到我彻底离开公司的时候，冈本才在只有几个元老参加的送别宴会上说："你是我遇到过的第一个对原则不依不饶的人，也是唯一一个没有讲过老板坏话的外籍员工。"

（案例来源：《商界评论》，2008 年第 3 期，作者：王正林）

事实上，笔者在这里倡导的不要说老板的坏话，不仅包括现在的老板，也包括曾经的东家，因为不管你此刻是刚入行的大学毕业生还是久经沙场的"老将"，不管你去年业绩骄人还是一塌糊涂，在此时都需要重整旗鼓、再度奋斗。就算是你那刚愎自用的老板逼得你不得不另寻出路，也不要在任何时候随意发泄你对前任老板的愤怒和不满。万一现任老板正好和你的前任老板有交情，你就算是撞到铁板了；即使他们素不相识，他可能也会对你的忠诚度心存怀疑。根据就业中心的调查，不停地抱怨上一份工作及前老板，只会给人留下幼稚的印象。没有人会真的在意你和前老板的恩怨，相反的，你处理人际关系的能力会大打折扣。这个世界并不大，别在他人面前提到你和前任老板的是非恩怨。

理由 19　拉帮结派

君子和而不同，小人同而不和。

——孔子

拉帮结派是职场人士晋升的拦路虎，因为很多老板都对此深恶痛绝。对此，孔子有句名言："君子和而不同，小人同而不和。"

"和"就是和睦，而不是无原则的和稀泥；"同"就是同伙、同党，搞拉帮结派。意思是说君子讲和睦相处而不搞拉帮结派，小人拉帮结派而不能与大家和睦相处。

孔子把搞拉帮结派的人归于"小人"一类绝对是有道理的。为什么？因为它就是一个社会毒瘤，生长在哪里，哪里就不健康，祸害无穷。封建社会历朝历代开国时总是欣欣向荣，时间久了就有小人结成同党，把一个好好的朝廷搞得乌烟瘴气，小人事事得逞，忠良总遭暗算，导致朝政日益腐败，社会人心离散，最终这个朝代走向灭亡。在职场中，一旦有人拉帮结派，该组织的员工们就都不得安宁。

事实上，拉帮结派在今天的企业里已不再适用了。但有些员工，特别是那些对自己能力不自信的员工，观念很难与时俱进，不管到哪里，他们老是喜欢拉关系、找后台、抱大腿、拉帮结派。也许他们在短时间内可以如愿以偿，因为人的朴素情感总是根深蒂固，但这样的关系不可能长久，别人完全可能因为你的平庸而受到拖累，这种建立在某种利益原则上的"小帮派"，也就顷刻间土崩瓦解了。

拉帮结派是晋升的大敌。在很多企业中，一些员工总喜欢拉帮结派，从而形成一些小集团。但是不知道这部分员工有没有想过，如果你是老板，你希望自己的企业里有如此多的派系斗争吗？毋庸置疑，作为老板，他期望的就是所有员工都从公司的利益出发，齐心协力，而最不愿意看见在员工之间存在一些"小集体"、"小帮派"，因为它们重视个人的利益，而往往忽视了公司的利益，那么这样的员工一旦被老板发现，被辞退是避免不了的，更不要说得到晋升了。

生产部提出申请要招聘两名拉料的工人，这时人力资源部根据生产部要求拉料这个具体岗位说明书上的要求筛选出两名符合条件的工人甲与工人乙（在人力资源部面试后认为工人乙各方面的条件比工人甲要稍微好点），这时由生产部主管复试后确定下来同意录用这两名工人，其中工人甲却正好与生产部主持面试的这名主管是老乡。在经人力资源部培训之后，甲、乙两名新工人就开始在拉料这个岗位上工作了，试用期是 3 个月。

在试用期期间，人力资源部在培训过程中发现了工人甲很明显地存在一些问题，如培训时老迟到或是直接缺勤，或者在培训过程中老讲话，影响他人听课等。

当然针对这个现象，人力资源部会与之进行沟通，寻找原因。但是让人力资源部始料不及的是工人甲给出的答案却是直截了当的一句话：我不想参加培训。这时，人力资源部将公司培训对于员工的种种益处一一向其再次说明，然后工人甲听后无动于衷，而且还摆出了一副爱理不理的态度，与当初他来面试时的态度简直是判若两人。

人力资源部又找来与工人甲、工人乙一起工作的上、下道工序的几个工人来沟通，大家对于工人甲都给出同样的看法：工作爱斤斤计较，较为懒散，而且有时态度也极其恶劣；对于工人乙却给予一致的好评，认为工作较为主动，而且也很会乐于助人，较为灵活。

接着，人力资源部找来了生产主管和所属车间的组长进行沟通，然而主管、组长与工人们的说法却是大相径庭，主管、组长给予工人甲很高的评价，工作主动性强，积极、灵活，配合的态度也很好；而对于工人乙的评价却是很一般。而这个主管正是当时面试的主管，也是工人甲的老乡，组长则是主管的铁哥儿们儿。

新工人在试用期满后，人力资源部做一个试用期员工是否继续留用的评估，组长及主管在试用期评估表给了工人甲的分数是90分，而给工人乙却是74分。人力资源部这时只能把工人甲培训过程、访谈中的种种表现以及工人对工人甲、乙两人的评价与组长、主管进行了沟通，然而得到的答复是："工人甲真是表现很好，并没有像工人们所说的那样，至于说培训过程的表现令你们人力资源部不满，你们要就这点解雇他，那就随你们的便，反正我们是觉得这人好用！"

这样一来，人力资源部只能向生产部经理了解。因为生产部主管是生产部经理的得意门生，所以自然而然生产部经理那儿得出的结论也是工人甲表现不错，要继续录用！在这种用人部门一再要求要继续录用工人甲的情况下，人力资源部也只能无话可说，录用工人甲为正式员工。

不久，车间来了新机器，紧接着面临的是机器操作员的培训，按照公司的规定只有工作表现优秀的人才能接受新机器的培训，车间的主管、组长一致推选工人甲去培训，这时人力资源部只得以新机器操作人员需具备的知识、经验以及性格特点，重新推选了更为合适的员工。最后，工人甲是没有得到新机器的培训机会，但是人力资源部与生产部却闹了个彼此都很不开心！

（案例来源：博锐管理在线，作者：林岳）

像这样的例子不胜枚举。确实，拉帮结派，就会形成内部对立，造成严重"内耗"。

当然，作为人力资源部，必须尽快跟老板沟通，尽可能说出自己的想法，这样才能真正地招聘到综合能力很强的员工。据了解，现在几乎所有的大型企业，对人员的招聘程序是：初选由人力资源部筛选，复选则由用人部门的经理或主管去确定。如果想从上到下换人，那是绝不可能的事，因为生产部经理是老板的堂哥，又是开国员老，去跟老板说换生产部经理那简直是自讨没趣，说不定被换的那个人会是你！

研究发现，公司最大的危害就是拉帮结派。事实上，拉帮结派并不能给予员工很多的好处，在大多数情况下，拉帮结派只能给自己带来无尽的烦恼和麻烦。

因此，对于员工来说，自己尽量避免被卷入拉帮结派的公司争斗中，从而给自己带来不必要的麻烦，这不仅要求员工和同事保持适当的距离，做到"君子之交淡如水。"而且还要求员工懂得，办公室里的处世之道是对每一个人要尽量保持平衡，尽量始终处于不即不离的状态，也就是说，不要对其中某一个同事特别亲近或特别疏远。在平时，不要老是和同一个人说悄悄话，也不要总是和同一个人进进出出，否则，难免疏远其他同事，从而被误认为是拉帮结派。特别是如果你经常在和同一个人咬耳朵，别人进来又不说了，那么别人不免会产生你们在说人家坏话的想法。

理由 20　总跟老板唱反调

　　和老板唱反调当然是不行的，不仅会扰乱军心，更会影响整个团队。从管理学的角度来看，影响团队的那些唱反调的人必然会被老板除去。

——著名企业咨询师　刘海东

　　提醒职场人士的是，如果你总跟老板唱反调，除非你不想在该组织混下去了，否则还是老实一点比较好。

　　试想一下，如果自己是老板，整天有员工跟自己唱反调，特别是在宣布执行一项重大战略决策时，你的员工总跟你唱反调。此刻，你的心情如何？可能你还不如你现在的老板，轻则批评一下而已。

　　毋庸置疑，总跟老板唱反调的员工，老板是不会喜欢的，也不会把重要的岗位给他。事实上，爱唱反调和溜须拍马者一样令人讨厌，只是效果恰恰相反。他们总是这样开头说话："让我来说点得罪人的鬼话吧……"这种人在企业组织中约有10%。他们相信只有反对老板所说的一切才有机会从茫茫人海中出人头地。也就是说，他们为了反对而反对。这种人不是因为喜欢争论的性格才站到老板的对立面上，而是因为他们压根儿就看不起他们的老板。不管是谁，只要你是个有职权的人，他们都不会喜欢你。

为什么呢？那是因为多数情况下他们都比老板聪明，比老板学历高。他们不会明白为什么能坐在这个职位上，而只想知道：我怎么就不行呢？

美国《哈佛商业评论》做过一项老板最厌恶的员工的调查，总跟老板唱反调的员工就名列其中。在这项调查中，老板喜欢听取那些"不卑不亢"员工的建议，通常也正是"不卑不亢"的员工赢得了老板的青睐，从而得到老板的重用和提拔。

爱唱反调者的嘴里没有建议，只有花边新闻。他们对于事情的形势的评判也都因加上了他们偏执的见解而变得毫无价值。

其实，爱唱反调者的言行和溜须拍马者一样危险，甚至比溜须拍马者更加危险。他们不像溜须拍马者那样只是想尽办法取悦老板，而是在老板真想做事的时候，想尽办法在后面搞破坏。

当然不能和老板唱反调，否则会被开除的。更不能在外人面前与老板唱反调。外人不在时，该提醒老板的还是要提醒。

一般地，为了反对而反对跟老板唱反调，这样不仅会扰乱军心，还会影响整个团队的效率。为了大局着想，老板有可能会把这种人调去其他的部门。

作为一名合格的员工，适当地提出自己的建议当然还是提倡的，有时老板也可能有看不到、想不到的地方。提出自己的意见建议是对老板的帮助。但是是否采用则要靠老板的判断，因为老板要对结果负责。如果决策不被老板采用，依然还坚持自己的意见那就可能是团队中的害群之马了。

那么，如何才能避免跟老板唱反调呢？在与老板交谈时，尤其在正式的场合谈论工作上的问题，不要贸然提出与老板不同的意见。因为这容易被老板看成公然挑战他的权威；更不要固执己见，据理力争。

其实，贸然提出与老板不同的意见已经引起老板的不悦了，再非要分出个谁是谁非，那无异于火上浇油、雪上加霜。因为每个老板都有他很自恋和自尊的一面，如果老板的每一个决定、每一个观点，你都站在老板的对立面或经常表现出你的质疑，那么你就快被淘汰出局了。下面这个案例就很能说明这个问题。

　　杨易是一家公司市场部的统计员，因为毕业于北京一所著名大学的营销专业，所以经常在公共场合炫耀自己的学识。

　　一次，市场部总监召开营销人员会议，部署下一步的营销工作。

　　杨易列席参加会议。总监让杨易参加会议的目的，是让他了解市场工作。没想到总监宣读完一份销售方案后，让大家发表意见时，杨易却第一个站出来唱反调。杨易引经据典，说得头头是道，让大家一下子看到了方案的不可执行性。

　　其实，总监的意图是放弃那些业绩差、没潜力的市场，因为经过几年的努力，在这些市场取得的成绩与投入的成本是不成正比的，而把主要精力投放到那些有潜力的市场。

　　总监阐述完制订方案的指导思想后，杨易又跟总监争论起来。最后，方案自然以总监拟订的为准。

　　除了杨易，别人都没提什么反对意见，只是说了一些表决心的话，如一定好好执行新方案，力争做出更大的成绩，等等。这更加衬托出杨易的桀骜不驯。

　　没过几天，总监找杨易谈话，让他到一个业绩差的办事处工作。

　　杨易曾私下管去那个地方工作叫"发配"，没想到自己要被"发配"了。况且，按照新方案，那个办事处很可能要撤销。

　　为什么还要派自己去呢？杨易向总监说出了自己的困惑。

　　总监说："你有很强的营销能力，在统计岗位上根本发挥不出来，派你去，是让你改变那里的局面。相信你会取得好的业绩的。"

　　杨易又不情愿地找到老板，他没想到老板说的话跟总监对他说的话一模一样，显然他们早串通好了。老板给高帽戴，杨易只好同意。

　　同事问杨易公司为什么派他去，杨易还炫耀说："让我去改变那里的局面。"

同事心中暗笑，那只不过是老板的借口罢了，下一步办事处撤销，杨易恐怕也要跟着被裁掉了。

果然，不久办事处撤销，杨易也被裁掉了。

（案例来源：360doc 个人图书馆，作者：佚名）

在本案例中，杨易的被"发配"源于在不恰当的场合与上司唱反调。其实，员工与老板的意见相左，这是十分正常的一件事情，如果员工不分场合、时间和地点去畅谈自己相左的观点，那样做无疑给自己找麻烦。

就像上述案例中的杨易，尽管自己是名牌大学的营销专业高才生，但是也必须明白老板的真实意图。如果老板的决策的确有问题，那么，可以选择在私底下以学习的姿态来表明自己的建议，这样，杨易的职场就会顺畅很多，至少不会被裁掉。

因此，在大多数场合下，建议职场人士不要成为爱唱反调者。因为绝大多数老板都会想尽办法剔除爱唱反调者。即使你没那么神经质，只是犯了爱唱反调者最典型的错误：认为智力是职场中最重要的，胜过其他一切素质。仅这一点就足以毁掉你的前程了。爱唱反调者一般智商很高。但你知道，在美国有 800 万人智商高于 130，而在职场上，智商达 135 甚至 140 的人像劣质咖啡一样比比皆是。

理由 21　工作效率极其低下

在高节奏、高效率的残酷市场竞争中，那些动作迟缓，办事效率低下的"乌龟型"人才，将毫无疑问地会被激烈的竞争大潮淹没。

——著名人力资源专家　周赵丽蓉

一项"最容易被老板淘汰的员工"的调查显示，办事效率低下的"乌龟型"人员"名列前茅"。乌龟是爬行极慢的动物，它甚至成为生活中慢吞吞的代名词。

所谓"乌龟型员工"，指的就是办事慢吞吞、工作效率低的员工。这类员工的特点是没有紧迫感，没有竞争意识、效率意识和危机感，办事慢吞吞，老板交办的一天内完成的任务，他两三天还没完成。特别是在变化快速、节奏快速、"时间就是金钱"的今天，速度和效率是一个公司战胜对手的关键。如果员工办事、做工作慢吞吞像蜗牛，那么老板是绝对不能容忍的，等待你的命运将是被老板辞退。

因此，办事效率低的"乌龟型员工"容易被老板辞退。尽管默默无闻、看似忠实可靠的"乌龟"确实能唤起人们的同情心，然而，在已经出现的高节奏、高效率的残酷市场竞争中，那些动作迟缓、办事效率低下的"乌龟型"人才，将毫无疑问地会被激烈的竞争大潮淹没。

C 公司为了加强网页制作方面的力量，在原有两个美工的基础上要再招聘一名美工。

"我虽然现在水平一般，但如果公司给我机会，我一定好好学习，会很快提高的，而且我也相信自己的学习能力。"应该说，是王五面试时的这句话让其赢得了研发部 Leo 的信任，也赢得了进入 C 公司试用的机会。

进公司 3 个月了，王五表现一直不佳。

公司产品宣传要做个海报，任务分配给了王五，王五说："我做海报不熟练，会耽误宣传进度的，还是请××来做这个吧。他比我在这方面有优势。"

部门需要用 Photoshop 生成几组新的网页，任务分配给王五，他表示："我以前做网页用的不是这个，如果公司不要求进度，把这个活给我，差不多 1 个月能完成。"

能一周完成的工作，要用去一个月的时间，公司实在等不了，任务最终分配给了别人。

王五干的唯一实质性工作就是建立一个素材库，即使如此工作进度也只是计划的 1/10。每天上班除了听音乐，王五更多的时间用来聊天。

就其不佳的工作状态，老板与其沟通，但收效不大。

王五的理由不是之前的美工不给自己活干（其实是干不了），就是自己正在提高中（每天听音乐，不知道他是如何提高美工水平的）。

在给过 5 次机会均未很好表现，再不开除就要签订为期 1 年正式劳动合同的前提下，研发部经理终于下决心开除了王五。

离职谈话时老板对王五说："公司不只给了你试用的机会，还多次给了你展示自己学习能力、工作能力的机会，你都没有抓住。对此结果我也很遗憾，希望你能找到更适合自己的工作。"

在本案例中，王五在试用期结束后被老板辞退了，是能力不够吗？不是。而是其态度不端正，从而导致效率极其低下。

的确，影响工作效率的因素很多，在很大程度上来说，员工素质不高是其主要原因。众所周知，员工的职业素质在极大地决定着工作效率。员工的职业素质就是整体员工的职业品质。什么是品？品就是员工与工作有关的社会属性，主要是指与岗位有关的职业道德。什么是质？质是指与岗位有关的自然属性，包括：职业意识、知识、技能、智慧、资源等。而其中的职业意识又是至关重要的。职业意识是什么呢？就是指在岗人员应当理解自己该干什么和怎么干。在上述案例中，王五不仅缺乏职业道德，而且还缺乏学习的态度，所以被老板辞退。其实，王五并不是唯一因为效率低下被老板辞退的员工，这样的案例举不胜举。

系统软件集成商 B 公司里有个综合部，负责各种合同管理、合同实施中需求变更等事项。客户签订合同后的需求变更请求，按照流程都要经过这个部门。

公司本意是让综合部成为研发部和内部、外部客户沟通的桥梁，更合理地规范合同的实施，控制成本。但具体负责人员李四已经完全成为研发部与外界沟通的障碍。

上个月一位电信客户要做非功能性的小修改，希望重新签订合同，客户也答应支付相关费用。对技术难度和工作量进行评估后，在现场实施另一个开发项目的工程师与项目经理进行沟通，口头同意了客户的要求。

虽然客户是老客户，但需要签订新的合同，所以要走相关流程。本来一天可以办完的事情，在李四那里足足拖了三周却依然没有结果。

最后，修改已完成、客户催公司快签合同并给予付款时，大家才发现合同流程单还压在李四手里。

当被问及为什么还没有盖章时，李四表示公司老板在外出差没有签字，所以不能盖章。

研发部经理 Ada 反问："公司不是规定，电话确认和短信确认也可以吗？这事都拖了三周了，能不能快点呢？"

李四（面无表情）："很遗憾，必须等老板回来签字，这是我的职责。"

Ada："如果你太忙，我安排研发部的人跑流程、与老板沟通，尽快把合同签了，可以吗？现在新功能都上线了，就等着收钱呢？"

李四："不行。流程就是流程，不能变。"

第五周合同终于签了，但研发部同事们心里很不舒服，多签一个合同本来是件好事，但走个流程用这么长时间，给客户留下了公司办事效率低下的印象，为以后开展工作增加了障碍。

老板回来后，口头批评了李四。

不久，公司内部准备上 OA 系统，定需求的任务被安排给李四。李四负责统计各部门需求，汇总、反馈给研发部以进行开发。

李四第一次统计需求时没有就需求与 HR 和行政部门讨论，而图省事从网上搞了一个相关的需求，研发部开发出来后，这两个部门根本无法使用。这还不包括因李四思路混乱导致的四次需求大规模修改。

经历几次沉痛教训之后，Ada 总结出了应对李四的办法。研发部内部规定，客户再有新需求，安排研发部人员直接沟通后，回公司自己找老总签字、盖章走流程，然后把合同放李四处归档（同时研发部有复印件）；针对公司内部需求，专门安排研发部两位同事沟通、了解各部门需求，汇总后交给李四。虽然研发部多支出了很多人力资本，但办事效率大大提高，而且成为合同保管员后的李四，再没跟研发部有什么摩擦。

最近，李四因管理合同多次出现失误，导致客户多次向公司投诉而被公司解聘，李四的工作由一位具备良好理解能力、沟通能力的同事接替。

　　研发部经理 Ada 准备安排部门全体人员进行周末会餐，庆祝沟通障碍被解除。

在本案例中，李四被公司解聘，就是因为其效率低下，本来一天能办完的事情，李四却浪费了三周还没有办完。

研究发现，有些公司之所以效率低下，与公司员工的责任心有关。一个责任心较强的员工，其工作效率可能是一般员工的 2 倍、3 倍甚至 10 倍以上，更重要的是工作质量不一样。布置同样的工作，责任心极强的员工可能一天之内就做好了，而责任心差的员工非常努力，却一周后才做好，而且工作质量基本不可能与责任心强的员工同日而语。仅从花费的时间量来说就有 7 倍的差距，更不用考量工作效率的差距了。

理由 22　习惯性拖延

把握住现在的瞬间，把你想要完成的事物或理想，从现在开始做起。只有勇敢的人身上才会赋有天才、能力和魅力。因此只要做下去就好，在做的过程当中，你的心态会越来越成熟。不久之后你的工作就可以顺利完成了。

——歌德

拖延不仅会使你前途暗淡，还会使你与晋升无缘。一个老板绝不会一而再，再而三地容忍员工办事拖拉，不讲求实效，做不出什么业绩来。

众所周知，拖延对于职场人士来说，是一种极其有害的恶习，更是做伟大 CEO 的大敌。

事实上，"拖"是很多员工不努力工作的一个通病，因为它会拖掉你成功的机会，也是影响老板提拔你与否的重要因素，对于老板来说，绝不会提拔那些工作中经常拖延的员工。

在工作中，假如你应该打一个电话给客户，但由于拖延的习惯，你没有打这个电话。你的工作可能因为没打这个电话而延误，你的公司也可能因这个电话而蒙受损失。在目前这个"快鱼吃慢鱼"的时代，可能因为员工的拖延导致老板没能及时作出关键性的决定，错过了最佳时机而惨遭失败。下面我们从一个真实的案例谈起。

深圳西克公司老板林伟格要赴德国考察，且要在一个国际性的商务会议上发表演说。林伟格身边的几名要员于是忙得头晕眼花，要把林伟格赴海外考察所需的各种物件都准备妥当，包括演讲稿在内。

在林伟格赴德国考察的那天早晨，各部门主管都来送机。有人问其中一个部门主管："你负责的文件打好了没有?"

主管睁着那惺忪睡眼，道："昨晚只睡4小时，我熬不住睡去了，在飞机上不可能复读一遍。待他上飞机后，我回公司把文件打好，再以电讯传去就可以了。"

谁知转眼之间，林伟格驾到，第一件事就是问这位主管："你负责预备的那份文件和数据呢?"

这位主管按他的想法回答了老板。林伟格闻言，脸色大变："怎么会这样。我已计划好利用在飞机上的时间，与同行的外籍顾问研究一下自己的报告和数据，别白白浪费坐飞机的时间呢!"

天! 这位主管的脸色一片惨白。

正因为那位主管的拖延，林伟格在德国的考察没有达到自己的目的。

当林伟格从德国考察回来后，辞退了那名主管。

在本案例中，这位主管就犯了拖延的错误，当林伟格把这件事情讲给笔者听时，笔者甚至不相信这是真的，因为在笔者出差前，笔者经常会把出差前的一切资料都准备好，不可能连基本的资料都没有准备好就出差。

上述案例警示我们每个职场人士，拖延绝不是一种无所谓的耽搁。在上述案例中，林伟格去德国考察就因为主管短暂的拖延而没有达到自己的目的，林伟格坦言，他的损失还算小的，他见过深圳的一家企业因为部门经理拖延在谈判中损失惨重，这并非危言耸听。

老李是一家药厂质量监督部门的负责人，工作几年来一直兢兢业业，颇得领导的赏识。由于老李工作谨慎认真，该药厂生产的药几乎很少出现质量问题。因此，药厂的生产规模日益扩大，效益不断增长，老李的工作量也越来越大。

有一次，一批新感冒药经审核投放市场后，有部分消费者反映吃完之后有不适反应。厂长找到老李，让他尽快查明原因，并采取相应措施，给消费者一个答复。

可是老李当时以为既然该药已经通过了双重检查，有问题的概率应该很小，部分不良反应属正常现象，因此并没太放在心上。

老李觉得过两天再处理也无所谓，还是先把手头其他重要事做完要紧。结果没想到，几天之后，问题越来越严重，出现不良反应的人越来越多，并且有人开始投诉该药厂。一时间，闹得沸沸扬扬，药厂名誉一落千丈。

厂长知道老李没有及时处理这件事之后非常生气，严厉地批评了他，并免去老李部门主任的职务，还扣掉老李一年的奖金。

而且，老李不知道，厂长本来是打算下个月提升他当副厂长的，结果就是因为老李一时的拖延而自毁了大好前程。

在本案例中，老李由于拖延不仅失去了提升副厂长的机会，而且还被免职了。如果老李正视工作，也不会出现老李被免职的局面。

老李的悲剧警示我们每一个职场人士，拖延也是一种消极的心态，它来自于软弱、自私自利和犹豫不决。而这样的心态，往往会使问题的难度增加一百倍。可见，拖延不是一种无所谓的耽搁，它足以毁掉一个人甚至一个公司的前程。虽然老李平时工作表现非常好，但这并不能弥补他一时工作拖延所造成的严重后果。他的拖延不仅毁了自己，也毁了整个药厂。

对于一个合格的员工来说，马上行动是他们有效完成公司目标任务的具体表现。美国第三十二任总统富兰克林·罗斯福说："把握今日等于拥有两倍的明日。"将今天该做的事拖延到明天，而即使到了明天也无法做好的人，占了大约一半以上。应该今日事今日毕，否则可能无法做大事，也不太可能成功。

拖延就是阻碍晋升的一个障碍，对于任何一个做事拖延的员工来说，要想职场顺畅，就要尽量越过这个障碍，否则，你的行为将被老板视为不合作的表现，他怎么可能把重要的岗位给你，升迁的事情就更不用说了。

拿破仑·希尔说："不管我们是谁，或者我们从事何种职业，我们都是自身习惯的受益者或受害者。"因此，无论是公司还是个人，没有在关键时刻及时作出决定或行动，而让事情拖延下去，这会给自身带来严重的伤害。那些经常说"唉，这件事情很烦人，还有其他的事等着做，先做其他的事情吧"的人，总是奢望随着时间的流逝，难题会自动消失或有另外的人解决它，须知这不过是自欺欺人。

事实上，拖延并不能使问题消失，也不能使解决问题变得容易起来，而只会使问题深化，给工作造成严重的危害。没解决的问题，会由小变大、由简单变复杂，像滚雪球那样越滚越大，解决起来也越来越难。而且，没有任何人会为我们承担拖延的损失，拖延的后果可想而知。因此，避免拖延的唯一方法就是"现在就做"。接到新的工作任务，就应该立即行动起来。诸如"再等一会儿"、"明天开始做"这样的语言和意念，一刻也不能在我们的心里存在。

马上列出行动计划，从现在开始，立即去做。如此一来，我们就会发现拖延时间毫无必要，而且还可能会喜欢上自己一拖再拖的这项工作，从而不想再拖，逐步消除拖延的烦恼。优秀的员工从不拖延，他们经常抱着"必须把握今日去做完它，一点也不可懒惰"的想法努力去做。对此，歌德认为："把握住现在的瞬间，从现在开始做起。只有勇敢的人身上才会赋有天才、能力。所以，只要做下去就好，在做的过程当中，你的心态会越来越成熟。能够有开始的话，不久之后你的工作就可以顺利完成了。"

理由 23   只擅长溜须拍马

对于很多强势的老板来说，他们非常瞧不上那些溜须拍马的下属，因为在老板心里，溜须拍马的下属没有什么真本事，让他们原地踏步就是在自己的掌控之中的事情。

——美国福特汽车公司创始人 亨利·福特

在很多企业中，特别是浙江、广东、福建等省的家族企业中，老板既是该企业的所有者，又是该企业的管理者，他们绝不允许别人损害企业的利益，谁敢损害企业利益，谁就可能被辞退。因为明智的老板非常清楚，溜须拍马者不仅讨厌，简直就是危险人物。他们总是滥用老板的言论，歪曲老板的指示，并利用老板的权势对他们周围的人大呼小叫。

在中国企业中，溜须拍马的事情时有发生，特别是办公室里有那么一帮专以"拍马屁"为生的员工。在企业中有70%的人属于这一类。

事实上，在中国企业中，绝大部分溜须拍马的员工并没有意识到自己是这样的人，或者说他们不承认自己是这样的人。

通常，这部分员工从不反对老板的意见，他们只是为了同意而同意。他们为什么会胆小如鼠呢？因为，这是他们求得比他们更强大的个人保护，至少是避免引起老板的敌意的一种方式。

研究发现，绝大部分溜须拍马的员工没有安全感。于是，他们认为，最好赞同老板所说的一切，免得万一老板不高兴时做出对他们不利的事。

另外，在中国企业中，还有一些溜须拍马的员工不是因为他们害怕什么，而是因为他们天性保守、不愿冒险。这部分溜须拍马的员工认为，只有赞同老板所说的一切，才可以在企业中生活得更长更好，才有可能被老板提拔重用。所以，他们心甘情愿地成为"溜须拍马"的一员。

当然，由于中国国情的特别，很多员工相对保持低调，生怕成为那只出头的鸟，被老板的猎枪打到。由于这样的思维，他们在很大程度上，有时强迫自己别出头，只要精通业务并保持低调，相对那些说出自己所想的人来说，他们被踢出去的可能性更小。他们对自己职业生涯的追求很简单，就是每年3%的加薪、良好的福利和不错的养老金计划。当然，这样的心态势必会影响岗位的竞争优势，从而导致企业利益受损，从而被老板辞退。

俗话说："人争一句话，佛争一炷香。"王丽就是深刻领会了这个"真理"，才从普通的招待员变成翘尾巴的小凤凰，不过，也正是因为这句话，王丽的行为导致了公司的损失，最终被老板辞退了。

王丽的小嘴如抹蜜般甜，只有她能把办事处经理李凤英哄得心花怒放。举例说，李凤英最让人不敢恭维的是她的梳妆打扮。那天，李凤英在披散开的烫发上别了一枚褐色的发夹，看上去极像旧上海的交际花，但李凤英压根儿没意识到这副打扮何等刺眼。

大家都忍着不发表议论，只有王丽称赞说："人漂亮怎么打扮都出色。对了，您的发质这么好，肤色又白，把头发盘起来肯定更有风韵，让我帮您换个形象吧，我在上海学过两个月的美容美发呢。"

李凤英闻听欣喜地问："真的？"

"那当然。"王丽边说边从抽屉里拿出发梳，细心地给李凤英梳理起来，那架势像极了伺候慈禧的李莲英。

忽然，王丽贴在李凤英耳边低声说："以后您可别太操心了，有活该让我们干就让我们干，都有白头发了，别动，我给您揪下来。"

看到李凤英没言语，王丽又道："唉，要说也是，这么大一个办事处，得有多少事啊，您不操心也不行。"

李凤英的表情就在王丽这几句贴心贴肝的话语里很微妙地变化着，她当然是忧喜交加。这时王丽已定完发型，李凤英看着镜子里自己光彩照人的模样，满意极了。

更让李凤英高兴的是，第二天王丽送来两大盒太太口服液，她那一句"身体是革命的本钱，千万不能为了工作过度费心"让李凤英别提多感动了。想想一个女人能得到下属这样的关心，不正是自己成功的表现吗？

要说王丽的确是细心，不知怎么知道了李凤英的生日，于是那天不动声色地张罗大家去吃饭。一些不明事理的人忙着回家就推脱了，只有几个单身汉围着李凤英共进晚餐。

当王丽举杯说"祝您生日快乐"时，李凤英激动得话都说不出来了，李凤英真的忘了自己的生日，正值李凤英感动之际，一个漂亮的双层大蛋糕出现在她面前。

王丽说："李凤英从贵州来北京，女儿和老公全在贵州，一个女人能做到这一点真是不容易。再看咱们办公室的几位女士，下了班就飞似地向外逃，舍不得老公孩子热炕头。都是女人，就是不一样啊。"

事实上，有比较才有鉴别，几位能干的白领丽人在王丽的嘴里变成了李凤英的陪衬者。

就这样，前台小姐的王丽成功地实现了三级跳：先提升做秘书，后是经理助理，现在的她已是行政主管了。理由嘛，只有一个，李凤英说王丽细心体贴，有从事行政工作所必需的素质。

不过，王丽由于自身业务能力低，只擅长溜须拍马，在一次重要的合作中，王丽的一个重大失误让办事处损失惨重，尽管李凤英非常喜欢王丽，但还是辞退了她。

在上述案例中，办事处经理李凤英尽管很能干，但是由于自己喜欢听那些没有业务能力，而擅长溜须拍马的下属的海侃，结果用错了人，如果按照人岗匹配的话，也不至于造成巨大的损失。如果王丽能够学习真本领，认真做好自己的工作，这样的损失同样可以避免。

从上述例子中不难得出这样一个令人吃惊的结论："失败的企业中，有一部分失败的原因是其领导人被溜须拍马的下属左右。"员工必须有自己的业务能力，不能只洞透领导的心思，否则，就会被企业淘汰。也许有些较有能力的员工，他们看不到这类员工的阿谀奉承，而只看到了他们所谓的才华。因此，企业领导者如果没给有能力的员工以相应职务，那些持观望态度的有能力者就会离你而去。尽管这些人看问题不够全面，但他们确实走了，无可挽回。

在上述案例中，尽管王丽溜须拍马相当有技巧，拍起马屁来不显山、不露水，让办事处经理李凤英浑然不觉，不知不觉中上了她的当，但由于自己无法胜任这份工作，最终受害的还是王丽自己。其实，成功的员工之所以取得成功，是因为他们不仅能够发挥他们的影响力，而且还能够激励同事，让同事最大限度地发挥他们的价值。而失败的员工之所以失败，是因为他们被溜须拍马的心思所左右，从而导致员工判断的失误。为此，员工的溜须拍马是员工过失的重要因素，也是一个员工走向失败的前奏。

马亚辉是一个素质很不错的年轻人，29 岁，海外留学归来。

回国后，马亚辉进入一家广告公司工作，在工作中马亚辉根据自己在海外所学和在国内工作的经验多次提出建议，结果不仅得到重视，老板还打算把马亚辉作为公司的骨干来培养。

马亚辉发现他的老板非常厌恶那些只会溜须拍马的同事。马亚辉在公司的出色表现得到了老板的认同。因为马亚辉的老板不爱听甜言蜜语，不管是善意的夸奖，还是合理的评价，一般都听不进去，而马亚辉偏偏是一个非常不习惯说甜言蜜语的人，甚至有些排斥这样的方式，认为是"溜须拍马，与自己的道德准则不符"。这样的行为正符合老板的发展意图，本来早就想换掉那个只会溜须拍马的设计总监欧阳春梅的，马亚辉的到来正好合了老板的意。

这不，临近年底了，员工们都在盘点自己今年的表现如何，揣摩着老板会给自己几分，拿到的红包会有多重，马亚辉却没有想那么多，只是努力地做好每一项工作。

春节放假的前一天，老板宣布一个消息，提拔马亚辉为该公司设计总监。听到这个消息，欧阳春梅却不乐意了，说自己工作没少做，自己的位置还被马亚辉给顶了，自己多年的辛苦就白瞎了。由于欧阳春梅在公司的位置岌岌可危，心中十分委屈和不平。

上述这个案例中，马亚辉的成功源于其不溜须拍马，而是努力工作，欧阳春梅的失利就是只会溜须拍马。现实工作中，确有部分喜好巴结领导、溜须拍马但缺乏德能者得到提拔任用，部分德能兼备者由于为人老实、正派、不擅长巴结与拍马而得不到提拔。这不利于企业中层经理素质与水平的提高。对此，中组部部长李源潮指出，要重视关心老实人、正派人、不巴结领导的人，防止任人唯亲、唯近。

其实，产生溜须拍马的现象，主要源于一些企业中层经理视下属巴结、拍马为"尊重"，从下属的巴结与拍马中得到心理满足。因此，业内专家建议，所有的企业中层经理都要能自动远离巴结和拍马的员工，自觉防止任人唯亲、唯近，主动重视关心老实、正派、不巴结企业中层经理的员工。

理由 24　自作聪明替老板作出重大决定

> 如果不分场合、不分事务大小就替老板作决定，这是愚蠢的，老板会因为你替他作决策而不快，辞退你也是早晚的事情。
>
> ——日本东京大学教授　山本良一

很多老板在很多场合都暗示自己的员工，为公司的发展献计献策是欢迎的，但是最好不要自作聪明替老板作出决定。因为献计献策并不等于替老板作出决策。如果不分场合、不分事务大小就替老板作决定，这是愚蠢的，老板会因为你替他作决策而不快，辞退你也是早晚的事情。

当然，自作聪明替老板作出重大决定是自己晋升路上的一块绊脚石，要想真正成为老板靠得住、信得过、离不开的得力助手，就必须找准自己的位置，事事请示，让老板来作决策。因此，未经允许，绝不可擅自做主，也不要代替老板作任何决定，最好是在老板的同意下针对其工作习惯和时间对各种事务进行酌情处理。

事实上，晋升之路并非像罗马大道那样宽阔，而是犹如走钢丝，稍不留神就会摔下来。为此，懂得处理工作事务就极其重要，哪些事情需要及时汇报，哪些事情需要老板马上拍板，哪些事情需要老板明示，这些问题都是可能影响晋升的。

在和老板相处的过程中，更要懂得如何去处理员工与老板的关系。员工必须明白，老板才是公司里最高的决策者，掌握着生杀予夺的大权。对于老板来说，完美的组织结构应该各得其所，每个人都像拼图上的一块——无论是边缘还是中心的部分，你很难说哪块比哪块重要，但是哪块都无可替代，缺一不可。有太多以为王牌在手的职场聪明人士因为太爱和老板讨价还价而炒掉了自己。即使再开明的老板，也摆脱不了雇主心态："两条腿的蛤蟆不好找，两条腿的人还不多吗?"而且你也不要试图证明给老板看，因为即便你后来在其他公司工作得再好，你放心，只要你离开了他的公司，他就不会为判断你的价值而多浪费一点点的脑细胞。因此，无论何种情况下，都不要代替老板作决定。

王婧在一家著名的时装杂志社任美编。一天，王婧接到一个电话，是刚出版的那期杂志的封面模特打来的，找主编。

正巧主编参加公益活动去了，王婧告知模特主编不在，有什么事她可以向主编转达。模特说，主编送给她的5本杂志都被别人拿走了，她想找主编再要5本。王婧立即说："行啊，你过来拿吧。"

这种事经常在编辑部里发生，虽然超出了规定，但是为了密切同模特的关系，为下次合作顺利，主编一般都会满足模特的要求，所以王婧很爽快地让模特过来拿。

模特拿走杂志后，王婧没有向主编汇报，她认为这是件微不足道的小事，没必要让主编知道。

后来，在一次派对上，模特跟主编说起她第二次拿的5本杂志，幸亏她早藏起1本，否则全叫朋友拿走了。

主编一愣，问谁给她的杂志。模特说是一位小姑娘。主编心里一琢磨，就知道是王婧干的。

不久，主编以"工作需要"为由，让王婧去干发行。王婧对发行一窍不通，也没有一点热情，只好主动辞职。

（案例来源：《别让上司抓住把柄：完美职场生存30条》，
北京出版社，2005年版，作者：臧全金）

　　从上述这个案例我们可以看出，下属向老板请教，并不可耻，而且是理所当然的。有心的老板，都很希望他的部下来询问。部下来询问，表示他眼里有老板，看中老板的决定。

　　向老板请教也表示员工在工作上有不明了之处，而老板能够回答，才能减少错误，老板也才能够放心。如果员工假装什么都懂，一切事情都不想问，老板会觉得"这个人恐怕不会是真懂"而感到担心，也会对你是否会在重大问题上自作主张而担忧。

　　在工作上，重大问题的决策时，你不妨问问老板，"关于某件事，某个地方我不能擅自下结论，请您定夺一下"，或者"这件事依我看不这样做比较好，不知老板认为应该如何"，等等。

　　王小姐年轻干练、活泼开朗，进入企业不到两年，就成为主力干将，是部门里最有希望得到晋升的员工。

　　一天，公司老板把王小姐叫了过去："小王，你进入公司虽然时间不算长，但看起来经验丰富，能力又强，公司开展一个新项目，就交给你负责吧！"

　　受到公司的重用，王小姐欢欣鼓舞。恰好这天要去上海某周边城市谈判，王小姐考虑到一行好几个人，坐公交车不方便，人也受累，会影响谈判效果；打车一辆坐不下，两辆费用又太高；还是包一辆车好，经济又实惠。

　　主意定了，王小姐却没有直接去办理。几年的职场生涯让她懂得，遇事向老板汇报是绝对必要的。

　　于是，王小姐来到老板办公室。"老板，您看，我们今天要出去，这是我做的工作计划。"王小姐把几种方案的利弊分析了一番，接着说："我决定包一辆车去！"

　　汇报完毕，王小姐满心欢喜地等着赞赏。但是却看到老板板着脸生硬地说："是吗？可是我认为这个方案不太好，你们还是买票坐长途车去吧!"

王小姐愣住了,她万万没想到,一个如此合情合理的建议竟然被驳回了。王小姐大惑不解:"没道理呀,傻瓜都能看出来我的方案是最佳的。"

王小姐的问题就出在"我决定包一辆车"这句自作主张的话上。其实,在上述案例中,王小姐凡事多向老板汇报的意识是值得职场人士借鉴的,王小姐错就错在替老板作决定。在本案例中,王小姐完全可以请示老板包一辆车去上海谈判,另外还要说明为什么要包车,这样让老板自己作决定的话,就不会出现王小姐那样尴尬的局面了。

其实,像王小姐这样的员工,中国企业到处都是。在此,笔者告诫像王小姐一样的员工,在老板面前,最好不要说"我决定……",这是在晋升路上最犯忌的事情。假设王小姐改变上述做法,而是采用请示的方法,比如:老板,现在我们有三个选择,各有利弊。我个人认为包车比较可行,但我做不了主,您经验丰富,您帮我作个决定行吗?老板见到员工请示的话,大都会答应的,这样才会两全其美。

在很多场合,很多员工显示自己的能力,特别是新员工,目的是赢得老板的认可。但是,他们没有想到的是,他们自作聪明替老板作决定却会惹怒老板,因为老板才是公司的最高决策者,事情无论大小都有必要听取老板的建议,这样才是对老板的尊重。

当然,对待不同性格的老板,要采取不同的方法,把建议以最佳的方式渗透给他,从主动的提议变成老板的决策。忌急躁粗暴,多倾听和征询老板的意见和建议,少做一些不容辩驳的决定和争论,即使员工可能是对的。对待某些能力不如自己的老板,同样要保持尊重,千万别擅自行动和作决定。这些如果你都做不到,就有可能遭受老板的冷遇。因此,凡事要量力而行,谨记不可擅作主张。

理由 25　工作做得差不多就行

能做到最好，就必须做到最好；能完成100%，就绝不只做99%。

——通用电气前CEO　杰克·韦尔奇

在日常工作中，"基本"、"好像"、"几乎"、"大约"、"估计"、"大致"等这样的词汇在一部分员工的嘴中脱口而出，似乎"差不多就行"成为他们的口头禅。尽管这不过是一部分员工嘴中的一句口头禅，但是却在一定程度上表明了一部分员工的工作态度。如果一个单位的大多数员工都习惯于这种"差不多"，那么恐怕这个企业的工作业绩就不会是"差不多"而该是"差得多"了。在数十年前，胡适曾创作了一篇名为《差不多先生传》的传记题材寓言，讽刺了当时中国社会那些处世不认真的人。

你知道中国最有名的人是谁？

提起此人，人人皆晓，处处闻名。他姓差，名不多，是各省各县各村人氏。你一定见过他，一定听过别人谈起他。差不多先生的名字天天挂在大家的口头，因为他是中国全国人的代表。

差不多先生的相貌和你和我都差不多。他有一双眼睛，但看的不很清楚；有两只耳朵，但听的不很分明；有鼻子和嘴，但他对于气味和口味都不很讲究。他的脑子也不小，但他的记性却不很精明，他的思想也不很细密。

他常常说："凡事只要差不多，就好了。何必太精明呢？"

他小的时候，他妈叫他去买红糖，他买了白糖回来。他妈骂他，他摇摇头说："红糖白糖不是差不多吗？"

他在学堂的时候，先生问他："直隶省的西边是哪一省？"

他说是陕西。先生说，"错了。是山西，不是陕西。"他说："陕西同山西，不是差不多吗？"

后来他在一个钱铺里做伙计，他会写也会算，只是不会精细："十"字常常写成"千"字，"千"字常常写成"十"字。掌柜的生气了，常常骂他，但他只是笑嘻嘻地赔小心道："'千'字比'十'字只多一小撇，不是差不多吗？"

有一天，他为了一件要紧的事，要搭火车到上海去。他从从容容地走到火车站，迟了2分钟，火车已开走了。他白瞪着眼，望着远远的火车上的煤烟，摇摇头道："只好明天再走了，今天走同明天走，也还差不多。可是火车公司未免太认真了。8：30开，同8：32开，不是差不多吗？"

他一面说，一面慢慢地走回家，心里总不明白为什么火车不肯等他两分钟。

有一天，他忽然得了急病，赶快叫家人去请东街的汪医生。那家人急急忙忙地跑去，一时寻不着东街的汪大夫，却把西街牛医王大夫请来了。差不多先生病在床上，知道寻错了人；但病急了，身上痛苦，心里焦急，等不得了，心里想道："好在王大夫同汪大夫也差不多，让他试试看罢。"于是这位牛医王大夫走近床前，用医牛的法子给差不多先生治病。不上一点钟，差不多先生就一命呜呼了。

差不多先生差不多要死的时候，一口气断断续续地说道："活人同死人也差——差——差不多，凡事只要——差——差——不多——

126

就——好了，何——何——必——太——太认真呢?"他说完了这句话，方才绝气了。

他死后，大家都称赞差不多先生样样事情看得破，想得通；大家都说他一生不肯认真，不肯算账，不肯计较，真是一位有德行的人。于是大家给他取个死后的法号，叫他做圆通大师。

他的名誉越传越远，越久越大。无数、无数的人都学他的榜样。于是人人都成了一个差不多先生。然而中国从此就成为一个懒人国了。

差不多不仅仅是现代人的毛病，这个病根由来已久。在这里，我们不但要敬佩胡适的责任感，而且还要提醒在职场上打拼的人们，要是抱着"差不多"的想法工作，那么你的人生也就在"差不多"的职场中原地打转。

的确，工作中不抓落实，不追求细节，马马虎虎，毛毛糙糙，无所谓现象依然存在。究其原因，就是差不多先生的理论——"差不多就好，何必太认真呢"在作祟。细细想来，其实这种"差不多先生"在安全工作中也大有人在。正所谓"天灾不可逆，事故本可防"。事实证明，世界上95%以上的事故是人为造成的，是由许许多多"差不多先生"造成的：制定措施时熟悉不熟悉现场差不多，正规操作和违章作业差不多，工作质量比标准多点少点差不多，监督检查睁只眼闭只眼差不多，业务培训考试及格和不及格差不多……甚至，出了事故和不出事故差不多。

正是做事差不多的意识造成了悲剧的发生。要想避免悲剧，就必须不满足于差不多，要时刻给自己以向上的动力。要时刻提醒自己，要有一种志在必得、志在必胜的勇气，并在实际工作当中不断总结经验，形成新的思维方式、新的行为模式、新的工作方法、新的工作节奏、新的工作作风。就是要在具体工作当中克服各种不良作风，做到想实事、做实事、练真功。

　　要想实现企业的长治久安，必须尽快同"差不多先生"告别。业内专家撰文指出，如果每个员工都能树立起"安全第一，生产第二"的思想，真正从安全意识、防范措施、业务培训、作业现场、监督检查等环节防微杜渐、注重细节，那我们安全工作中的"差不多先生"就没有立足之地，许多低级错误就完全能够避免，各类重大事故险情也可以化险为夷。这样的员工不仅能得到老板的重用，而且还会有一个令人羡慕的职场生涯。

理由 26　为了薪水而工作

不论你的老板有多吝啬多苛刻，你都不能以此为由放弃努力。因为，我们不仅是为了目前的薪水而工作，我们还要为将来的薪水而工作，为自己的未来而工作。

——世界潜能激励大师　安东尼·罗宾

在《中外家族企业成功之道》的培训课程中，笔者总是经常听到一些企业老板的抱怨，他们常常诉说现在的员工大都为了薪水而工作。我们从这些老板的抱怨中了解到，一些员工正是因为为了薪水而工作，从而被老板辞退。

很多刚毕业的学生或者一些涉世不深的应聘者，在招聘方问到薪酬期望时，很多会直截了当地报出 6000 元或者 8000 元，还有更高的。殊不知，他们这样做的结果往往会让公司招聘者认为，这部分人是为了薪水而工作的。

当然，由于很多刚毕业的学生或者一些涉世不深的应聘者对社会工作不了解，或者了解不多，当他们走出校园时，总是对自己抱有很高的期望，认为一开始工作就应该得到重用，就应该得到相当丰厚的报酬。他们在工资上喜欢相互攀比，似乎工资成了他们衡量一切的标准。然而，他们却忽略了公司给员工工资是建立在员工为公司创造价值的基础上的。因此，过分较真为薪水工作将得不偿失，还不如踏实工作，在公司给予的这个舞台上充分挖掘自己的潜能，发挥自己的才干；否则，他们终会因过分关注薪酬而失去工作的机会。不信，我们来看看某媒体的报道。

王洋（化名）是法律专业学生，已经通过了国有大型外经企业中国港湾工程有限责任公司的笔试和面试。但毕业前在该公司实习时，由于过分关注薪酬而丧失了工作机会。

事情的起因是因业务需要，公司员工需要加班，王洋依法提出要加班费。对此，中国港湾总经理胡建华在中国对外承包工程商会主办的"全球建筑峰会"上接受媒体专访时介绍，王洋这样做本来是件好事，说明员工已经懂得依法维护自身权益，但此举却引起了周围同事的反感。一些人怀疑他对企业的忠诚度——万一在海外代表企业开展业务时，到了关键时候企业没满足他的个人条件，他不干了怎么办？

"这是一个典型的因过分关注收入而丢失工作的案例。"胡建华认为，大学生应聘过程中应表现出一种责任感和事业心，只有企业做好了，个人才会好，否则个人连发展的机会都没有。在本案例中，王洋在实习时就因为加班费而与公司交涉，这样会在公司给自己带来不好的影响。

当然，王洋的做法也不能说做错了，因为按照法律是必须付给员工加班费用的，哪怕是实习生。但是王洋采用的方式欠妥，因为在实习阶段，一方面是公司在考察员工的综合能力；另一方面就是在考察其忠诚度，就像中国港湾总经理胡建华接受媒体采访时强调的那样，万一在开展业务的过程中，公司不能满足你的条件，王洋还会不会工作，如果王洋拒绝工作，与公司依然讨价还价，那么公司将遭受巨大的损失，有时可能为之付出惨重的代价。因此，过分地关注薪酬，往往会失去较好的工作机会。所以，较高的薪水固然是员工工作获得的认可和回报，但是比较高薪水更可贵的，就是公司给予员工发展的平台。

不要仅为薪水而工作，因为薪水只是工作的一种报偿方式，虽然是最直接的一种，但也是最短视的。一个以薪水为个人奋斗目标的人是无法走出平庸的生活模式的，也从来不会有真正的成就感。那些不满于薪水低而敷衍了事工作的人，一生只能做一个庸庸碌碌、心胸狭隘的懦夫，埋没了自己的才能，湮灭了自己的创造力。

事实上，年轻人对于薪水常常缺乏更深入的认识和理解。其实，薪水只是工作的一种报偿方式，刚刚踏入社会的年轻人更应该珍惜工作本身带给自己的报酬。事实上，公司是很多员工在事业发展中的另一所学校，工作能够丰富我们的思想，增进我们的智慧。与在工作中获得的技能与经验相比，微薄的薪水对于年轻人来说不应该被看得过分重要。所以，一个人若只是专为薪水而工作，把工作当成解决面包问题的一种手段，而缺乏更高远的目光，最终受欺骗的可能就是你自己。在斤斤计较薪水的同时，会失去宝贵的经验、难得的训练、能力的提高，这一切较之金钱更有价值。而且相信谁都清楚，在公司提升员工的标准中，员工的能力及其所作出的努力占很大的比例。没有一个老板不愿意得到一个能干的员工，只要你是一位努力尽职的员工，总会有提升的一日。

一些心理学家发现，金钱在达到某种程度之后就不再诱人了。即使你还没有达到那种境界，但如果你忠于自我的话，就会发现金钱只不过是许多种报酬中的一种。试着请教那些事业成功的人士，他们在没有优厚的金钱回报下，是否还继续从事自己的工作？大部分人的回答都是："绝对是！我不会有丝毫改变，因为我热爱自己的工作。"

想要得到提拔，最明智的方法就是选择一件即使酬劳不多，也愿意做下去的工作。当你热爱自己所从事的工作时，金钱就会尾随而至。你也将成为人们竞相聘请的对象，并且获得更丰厚的酬劳。

在世界500强企业里，他们倡导的企业理念就是让职员能够拿到更高的薪水，更加优厚的福利，以及期权、股票。但是要达到这个目标当时是很不容易的，因为很多职员不满足于自己目前的薪水，而将比薪水更重要的东西也放弃了，到头来连本应得到的薪水都没有得到。很多人在工作中，总是忽视薪水之外更重要的东西，他们一心把目光对准薪水，高薪的职位就留，低薪的职位就换，很少考虑自己的兴趣爱好以及什么样的工作才适合自己。其结果是，这样的人到头来只会以失败告终，因为他们对职业的理解是肤浅的，所以成功很难与其结缘。

理由 27　管不住自己的嘴巴

估计大多数老板是不会喜欢口无遮拦的员工的，哪怕他是一个口才好、心思灵敏的员工，而且感觉这样的员工不能保守商业机密。因为不知道在什么时候，这样的员工就会把老板不想让别人、特别是竞争对手知道的事情说出去。

——印度德里大学教授　曼诺拉简·莫汉蒂

对于任何一个员工来说，言多有失，祸从口出，绝对不是危言耸听。

有一句谚语说得好："鸟会被自己的双脚绊住，人会被自己的舌头所累。"这句话同样适用于职场。其实，在职场上，很多员工都是因为管不住自己的嘴巴而在有意或者无意中得罪了同事和上司，引起了不必要的麻烦，最终影响了自己的工作和前程。

假设类似"出言不慎"、"不会说话"、"爱吹牛"、"爱打小报告"之类与嘴巴有关系的恶评降落到你的头上，那么，你千万就要注意了。在很多场合，老板都告诫员工，千万要管住自己的嘴巴，不要什么话都瞎说。

尽管老板三令五申要管住自己的嘴巴，但是总有一些员工会常犯"管不住自己的嘴巴"的毛病，他们大都喜欢到处乱讲话。一旦他们有空大都会凑在一起，对某部门或某位同事指东说西。

事实上，员工这种"管不住自己的嘴巴"的毛病不仅会影响员工的岗位效率，更会影响员工自己的职业生涯，这才是更可怕的。要知道，公司是一个整体，每个员工之间只有相互配合，才会有所发展。如果公司内弥漫着这种风气，便会出现不团结的裂痕，导致工作受阻。同样，员工的职业生涯也会遭受影响。

在一家公司就有这样的几名女职员，她们只要一有空，就会凑在一起，张家长、李家短地议论起某个同事或某个部门来。

有一次，她们正谈论得不亦乐乎，忽然其中有个人站起来走了。原来她最近刚谈了个对象，正在她们议论的那个部门工作，听到同事们七嘴八舌地把那个部门的人一一骂过，她驳斥也不是，不驳斥也不是，只得站起来离开。

她脸色难看地突然离开，让同事们尴尬不已。

像本案例中议论同事的事情其实在任何一家公司都经常发生。必须认识到背后议论他人的行为，不但对自己不利，同样会被别人厌恶，难以给人留下好的印象。这时，你便需要严格要求自己，去改善或抛弃这种行为，并尽量少接触这种场合。

当你想参与这种议论时，可以自问一下："这样好吗？""这样做有必要吗？"作为公司的一员，首要的任务就是把注意力集中到工作上，这样做才可能对公司、对同事、对你都有益而无害。因此，当你在说话之前，想想哪些话该说，哪些话不该说。每天抽出一定的时间，想想自己哪些话说得不得体，容易产生歧义而引起别人误解。言多有失，祸从口出，绝对不是危言耸听，既然员工都是要靠自己敬业工作和忠诚来获得晋升的，那么在谈话方面每日的三省吾身是大有好处的。

研究发现，口无遮拦的员工就像是嘴巴上挂着扩音器，什么话都不经过思索，脱口而出。在很多场合下，我们经常见到心直口快的员工，很多人都觉得那是一种率真的性格，也是对同事的真诚和坦率。但是，估计大多数老板是不会喜欢口无遮拦的员工的，哪怕他是一个口才好、心思灵敏的员工，而且感觉这样的员工不能保守商业机密。因为不知道在什么时候，这样的员工就会把老板不想让别人、特别是竞争对手知道的事情说出去。

贺若家族本是居于漠北的部落首领，在那个天下分崩离析、战乱频仍的年代里，勇武的贺若家族以军功逐渐显贵。到了贺若敦时，贺若家族已经成为北朝著名的军人世家，贺若敦投效了北周政权，受到了北周太祖宇文泰的赏识，累官至骠骑大将军，受封公爵。

贺若敦是一个纯粹的职业军人，史载他"不好文学"，但却有"气干"，勇冠三军，是一个天生的将才。在北周政权平定岷蜀和信州的叛乱中，他都立下了大功，成为北周为数不多的几个统兵大将之一。

北周明帝时，南朝陈国的军队围攻周的附庸后梁的湘州地区，后梁向北周求救。北周遂派遣贺若敦带兵救援。渡过长江之后，贺若敦连挫陈军，取得了一些胜利。

偏偏天公不作美，阴雨连绵，江水暴涨，淹没了周军的粮道，贺若敦军陷入了弹尽粮绝的境地。

为了迷惑敌人，贺若敦在军营内秘密堆起几座土山，在上面覆盖上粮食，并让当地百姓到军营参观，让他们把这个消息传给陈军，使陈军误以为周军粮草充足，不敢贸然进攻。双方在湘州一带对峙了很长时间，都非常的疲惫，陈军见不能击败贺若敦，遂建议两方罢兵，并愿意为周军提供船只渡江。贺若敦恐怕中圈套，要求陈军后撤百里，陈军听从了，贺若敦见不是阴谋，就带着部队回到了北周。

此一战，贺若敦虽然没有立下战功，但也算是全军而退，尽管回国之时，部队的损失过半，但那是因为北方人不服南方水土，疫病流行所致，属于非战斗性减员。可是把持北周大权的晋公宇文护却不这样认为，他以失地无功为由将贺若敦废为庶人。

在里无粮草，外无救兵的情况下，与敌人周旋近一年，好不容易全军而退，却落了个丢官罢职的下场，贺若敦心里的愤懑可想而知。虽然后来又被起用，但终究没能像同资历的那些武将一样，授封大将军，满腔的怒火让他再也管不住那张"大嘴巴"，他开始大放厥词，甚至当着朝廷使者的面也是满腹牢骚。

这些过激的言论很快就传到了宇文护的耳朵里。这位连皇帝的小命都操控在手的权臣怎能容忍贺若敦的满口狂言，他立即下令将贺若敦征召入京，并逼其自杀。

到了此时，贺若敦后悔也来不及了，为了保全自己的家人，他只好含恨自杀。在临死前，他一再告诫儿子贺若弼要谨言慎行，并用锥子刺破儿子的舌头，让他牢记这血的教训。

在本案例中，贺若敦就是这样的悲剧人物。贺若敦因"大嘴巴"得罪了权臣而被迫自杀。贺若敦的结局警示每一个职场人士，口无遮拦的确是一个很不好的习惯。俗话说："职场如战场"，经常小心谨慎有时候都会出一些问题，更何况口无遮拦。在很多时候，口无遮拦会让人觉得你是个爱搬弄是非、靠不住的人。

本案例给职场人士的警示是，口无遮拦是职场大忌，是一个害人害己的坏习惯。你如果有口无遮拦的毛病，就一定要注意改掉它，平时说话时，三思而后行，仔细思索，不空穴来风，不说三道四、人云亦云。有些事情可以做但不可以说，有些事情自己明明知道也不能轻易说出口，尤其是和上司有关的个人私事，说话时更应该慎之又慎，以避免言多必失，祸从口出。管不住自己的嘴巴往往会"祸从口出"。因此，业内专家建议，职场人士要想有一个顺畅的职业生涯，就必须改掉口无遮拦的毛病。

理由 28　眼高手低

　　既然你选择了这个职业，选择了这个岗位，就必须接受它的全部，而不是仅仅享受它给你带来的益处和快乐。

　　　　　　　　　　——印度尼赫鲁大学校长、教授　G. K. 查德哈

　　对于任何一个职场人士来说，眼高手低都是职场上的一大禁忌。但是有些人整天琢磨着要干大事，办大事；不鸣则已，一鸣惊人。浪费了许多时光，到头来却一事无成。做什么事情都要从头做起，从小事起步。

　　对此，中国青少年研究中心、中国青少年研究会和北京市新英才学校联合发布《"80后"青年的职场状况调查报告》。这项对 2590 名"80后"青年、500 家用人单位进行的调查显示，有超过七成的单位部门主管认为"80后"青年普遍存在"眼高手低"的现象。

　　研究发现，眼高手低是年轻人最容易形成的习惯，也是导致失败频繁被用人单位辞退的一个主要原因。有的员工内心充满了理想，常跟人高谈阔论，可是具体到问题和琐碎的工作上就显得不知所措。

　　在职场中，经常见到一部分员工意气风发地和别人谈自己的梦想时，在不经意间已陷入了一个美丽的陷阱、一个浑然不知又注定失败的误区——眼高手低。

刚刚从美国哈佛大学商学院读完 MBA 回国的林维风，毫不费力地进了我国一家知名的大企业。

公司总裁刚开始总把一些鸡毛蒜皮的小事交给林维风去做，以此来锻炼林维风，但是林维风每次都十分不满意，认为自己是美国哈佛大学商学院 MBA 毕业生，鸡毛蒜皮的小事根本不在自己的职权范围，所以做起小事情来从来不放到心上，认为自己是干大事情的人才。

机会终于来了，总裁把一个很重要的招标会的材料让林维风完成，林维风把自己熬了几夜精心准备的材料交给了总裁，原以为可以博得总裁的赏识，没想到会议结束后他就收到了人事处的解聘通知。

原来，林维风因为不在乎那些鸡毛蒜皮的小事，总是马马虎虎、草草了事，把"进口"误以为是"出口"，使公司在利益和信誉上蒙受了双重损失。

本案例就说明了中国目前的一个真实现象，很多员工都认为自己接受过国内外著名高等院校的教育，好像自己就是世界一流的大师一样，工作极不认真，总想做大事，但是当给他们大项目的时候，他们往往胜任不了。

在很多场合下，无知与眼高手低是员工最容易犯的两个错误，也是导致频繁失败的主要原因。许多员工内心充满了激情和理想，然而一旦面对平凡的生活和琐碎的工作，就变得无可奈何了；他们常常聚在一起高谈阔论，一旦面对具体问题，就不知所措。

毋庸置疑，刚刚踏入社会的年轻大学生不仅缺乏工作经验，而且还极度自负，这样的工作态度当然是无法委以重任的。

尽管要求许多刚参加工作的员工心目中要有远大的理想，但在实际生活中又必须脚踏实地，衡量自己的实力，不断调整自己的方向，一步一步才能达到自己的目标。因此，如果员工眼高手低、纸上谈兵，是永远无法取得成功的。

对此，业内专家建议职场人士，许多员工应该像哥伦布一样，努力去发现自己的新大陆，沉湎于过去或者深陷于对未来的空想是没有前途的。你正在从事的职业和手边的工作，是你成功之花的土壤，只有将这些工作做得比别人更完美、更正确、更专注，才有可能将寻常变成非凡。

众所周知，仅仅有理想是不够的，如果没有行动你将永远停留在起点上，尽管有时行动不一定会带来理想的结果，但是不行动则一定不会带来任何结果，不要让眼高手低束缚住了你的手脚，在工作中每一件事，无论大小，都值得用心去做，而且对于那些小事更应该如此。

　　某高级住宅区，一个开电梯的年轻女孩，工作上很勤勉，获得各单元住户的一致好评，但因相貌酷似某演员，因此招来不少议论。
　　大家乘坐电梯时，总是有意无意地说起她像女演员之事，说得多了，她便默不作声。
　　一天，下班高峰时间，挤在电梯里人们又开始谈论起这件事情，有人说："真的，你长得太像某某演员了，何不去试试演电影呢？"
　　言外之意，开电梯委屈她了。这位姑娘终于忍不住开口说话了："您说的那位演员我知道，她最多是位三流的演员，而我却是一名一流的电梯工。"
　　电梯里顿时鸦雀无声，从此，乘坐电梯时再也没有人议论此事了。

在本案例中，那个开电梯的女工就是一名优秀的员工，她不仅知道自己无论哪种工作都要做好，而且还要做到最好。尽管乘客都说她像演员，她却说："您说的那位演员我知道，她最多是位三流的演员，而我却是一名一流的电梯工。"

事实证明，在职场中，如果你不切实际、眼高手低的"思维"导致老想干大事，而工作上的小事不屑于做，即使做了，感情上老大不情愿，心

139

理上也觉得不舒服、受委屈。这样做的结果就是连工作上的小事都干不好，怎么可能干一番大事业呢？被老板提拔重用的可能性几乎为零。

在做一件事时，即便再微小，也要认真脚踏实地地去对待和处理，在一件小事上能做到合情合理尽善尽美，那么在做大事的时候这种为人处世的优点方会被体现得一览无余。所以说凡事从小起、从现在起就要养成一个良好的习惯，让这种良好的习惯始终贯穿我们的整个生命，让这种良好习惯成为我们的一种生活方式。即使是在扫地的时候，也要认真地去扫好每一个角落。因此，作为一名合格的员工，要脱离不切实际、眼高手低的想法，对自身的能力和外部环境有一个客观细致的把握，从小事做起，争取把小事做好，在此过程中不断总结提高，才得以成就大事。

当然，作为一名合格的员工，必须知道，工作其实并无高低贵贱之分，只要用心去做，都能够做到精细一流的水平。而且，作为职场中人，无论在任何岗位，做任何事情，都应追求精细和一流。无论做什么事情，首先是做事的心态。世界上再难的事情，再伟大的事情，无论多么宏大的工程，都可分解成细小的具体事情，要想做成大事情，就必须把分解后的每一件小事情做好。所以，任何事情都要从一开始做起，只有从一做起，才能做到二、做到三，才能最终做成功。

对此，业内专家告诫职场人士，眼高手低的人关键是没有做成功事情的心态，也就是做任何事情都浮躁，很难把事情做精做细，做成功。因此，对眼高手低之人，用之要慎重，不要轻易委以重任。作为老板，有义务教育、培训眼高手低之人，培养他们做小事的心态、把小事做漂亮做精致的心态。一旦员工养成了把小事做成功的习惯，那么他们便有了做成大事的基本要素，只有如此，他们才可能做成大事。

理由 29　工作思维僵化

不管愿不愿意承认，任何一个老板都不喜欢工作思维僵化、死板的员工，因为工作思维僵化不仅影响员工在企业的工作效率，还影响了员工在该企业的晋升。

——诺贝尔经济学奖得主、美国普林斯顿大学教授
埃里克·马斯金

思维僵化是一个老生常谈的问题。众所周知，工作思维僵化是员工高效率工作的大忌。它不仅影响员工发挥出超强的执行能力，还是在职场竞争比较激烈的今天落败的一个关键因素。作为一名员工，如果长时间工作思维僵化，那么你就可能被老板辞退。不信，我们从下面这个案例谈起。

巴肯·布鲁恩和恩格·艾姆森几乎同时受雇于美国明尼苏达州的西尔斯连锁店，开始时大家都一样，从基层干起。

可不久巴肯·布鲁恩受到创始人理查德·W. 西尔斯的青睐，一再被提升，从店长直到集团副总经理。

而恩格·艾姆森却像被人遗忘了似的，还在最基层辛苦地工作着。终于有一天，恩格·艾姆森忍无可忍，向创始人理查德·W. 西

尔斯递交辞呈，并痛斥理查德·W. 西尔斯的不公平，辛勤工作的人不提拔，倒提拔那些吹牛拍马的人。

理查德·W. 西尔斯耐心地听着，他十分了解这个小伙子，工作肯吃苦，也很勤劳，但似乎缺了点什么，缺什么呢？三言两语说不清楚，说清楚了他也不服，看来……他忽然有了个主意。

"恩格先生，"理查德·W. 西尔斯说，"您马上到集市上去，看看今天有什么卖的。"

恩格·艾姆森很快从集市上回来说，集市上只有一个农场主拉了几车土豆在卖。

"一车大约有多少袋？"理查德·W. 西尔斯问。

恩格·艾姆森又跑去，回来后说有40袋。

"价格是多少？"恩格·艾姆森准备再次往集市上跑。

理查德·W. 西尔斯望着跑得气喘吁吁的恩格·艾姆森说："请休息一会儿吧，看看巴肯·布鲁恩是怎么做的。"

理查德·W. 西尔斯叫来巴肯·布鲁恩，对他说："巴肯先生，您马上到集市上去，看看今天有什么卖的。"

巴肯·布鲁恩很快从集市上回来了，汇报说："到现在为止只有一个农场主在卖土豆，有40袋，价格适中，质量很好，我还带回几个样品让您看。这个农场主过一会儿还将弄几箱西红柿上市，据我看价格还公道，可以进一些货。想到这种价格的西红柿您可能会要，所以我不仅带回了几个西红柿做样品，而且把那个农场主也带来了，他现在正在外面等回话呢。"

理查德·W. 西尔斯看一眼红了脸的恩格·艾姆森，说："恩格先生，你还有意见吗？你已看到了吧：巴肯·布鲁恩是带着智慧去工作的，而你仅仅是带着指令去工作的。"

恩格·艾姆森恍然大悟，心服口服。

从上述这个案例可以得知，巴肯·布鲁恩由于在工作中灵活多想，而不是只知死板地按照指令去工作，把工作做得很出色、很到位。所以得到了比恩格·艾姆森更多的薪酬和发展空间。而恩格·艾姆森呢，尽管也很听话，但是他工作思维极其僵化，只懂得完全按指令工作，所以难以把工作做好、做到位。

可以说，在任何一家公司都不缺会干活的人，缺的是积极主动并且带着思考工作的人。任何一个老板都希望看到自己的员工在工作时积极主动，勤于思考，把交代的工作做到位。

而对于工作思维极其僵化、只会依指令动弹的"木偶"员工，相信大部分老板是不会欣赏更不愿意接受的。在老板眼里，这类员工是不会有很好的发展前途的。对于老板来说，只有那些能准确领会自己的意图，并主动运用自身的智慧和才干，把工作做到位的员工，才是他们真正需要的人。

有一个人曾到一个政府控制着酒类专卖的国家旅游，在回国以前，他向当地政府经营的酒店询问："按规定我可以带多少酒出境?"

店员回答说："这你必须去问海关关员!"

这人回应道："可是我现在就想知道，我买多少酒才不会因为太多而遭到海关没收。"

店员回答："那是海关的规定，和我们没有关系。"

这人又说："但你一定知道海关的规则吧?"

店员答称："没错，我知道。但是我们领导没有吩咐过，这不是我们的工作，所以我不能告诉你。"

对于很多公司的员工来说，他们循规蹈矩，工作思维极其僵化，而不管那样做是否具有实用的目的。他们没有自己的思想和判断，在他们看来，任何超出惯例的细微偏差和老板指令的工作，都是不能容许的。

上述员工的行为，被美国管理学家彼德戏称为"职业性的机械行为"。很显然，对职业性机械行为者而言，方法重于目标，指令重于结果。

事实上，职业性的机械行为实质上就是工作思维极其僵化的另外一种表现，也是工作不到位的一个重要因素。一个员工做事到位与否，不在于他是否完全机械地执行上司的指示或公司的规定，而在于他是否完成了交代的任务，是否为公司创造了效益。

因此，一名优秀员工不应是那种工作思维极其僵化，只知循规蹈矩、完全按指令死板工作的员工，他应该有敏锐的目光和责任心，他会尽自己最大的努力并充分发挥主观能动性去又好又快地把工作做到位，这才是所有公司都需要的员工，而且也只有这样的员工才有可能得到公司的赞赏，获得更大的发展空间。

理由 30　总是以老员工自居

在日常工作中以老员工身份自居，不能始终保持谦虚平和的心态，容易犯经验主义的错误。

——芝加哥大学商学院教授　尼克·埃普利

研究发现，每一个公司都有一些资格老的员工，他们在公司待的时间比较长，一般都为公司做出过突出的贡献，有的甚至是公司的"开国元勋"。这些人面对新来的员工在心理上总有一些优势，并且常常把这种优势表现在工作中。

作为一名合格员工来说，其实，以老员工自居是一种浅薄的表现。因为资历老并不代表比新来的同事更加优秀或者比新来的同事更加能干。这样做只能是以老员工自居的员工遭到新员工们一致的厌恶、反感、排挤。

虽然新员工们嘴上不说，但新员工们心里一定会对以老员工自居的员工非常怨恨，只要逮住机会，绝不会放过以老员工自居的员工。以老员工自居的员工本想抬高自己，反而摔了跟头，真是得不偿失啊！

柳州市一家物业公司的朱先生很苦恼。朱先生手下两名女工小绿和小美和朱先生签订了为期半年的劳动合同，合同上虽然写着她俩是接待员，可朱先生一直把她们当主管来培训。朱先生万万没想到，合同期没满，两人的表现越来越让他不满意，还发展到"喊不动"的地步。

朱先生说，一开始他就说了，自己人手已够，是有意培养她们，以后她们要到新楼盘工作。两人表态："只要你信任，我们就会把工作做好！"

可小绿和小美渐渐以老员工自居，违反公司规章制度。比如，员工们都签公司员工管理扣分制度，这两人就不签。而且春节过后第一个周末，小美值班不在岗，造成业主的一辆摩托车被抢，公司赔车花了 1600 元。

按公司规定，小美应负 80% 的责任，但她分文未赔。两人 15 天不来报到，一拂袖就走人，不移交资料，机密材料擅自复印拿回家。

"是她们违约在先炒我'鱿鱼'，不工作我还给她们钱？"朱先生说，小绿和小美不服从正常人事调动，连续旷工 15 天以上，违反《企业法》和相关政策合同规定和约定，属于自动除名行动，所以公司依法给予相应处理。至于小绿和小美向劳动部门"告状"，讲朱先生不帮她们买保险，朱先生这样解释：鉴于有些员工钻空子，即帮买保险第二天就辞工，所以许多同行为规避风险，都定下员工工作半年后才帮买社保。朱先生认为这很合理，"有个时间约束你"，"乙方每半年自行到社会保险机构缴纳保险金，除个人应缴部分，凭保险机构发票，甲方给予一次性报销公司应付部分"，合同这么写着。"我没赖账啊！"

朱先生为此焦头烂额："铁路这样流动性强的企业，一声令下，没得商量。员工不去可以，那就自动走人。物业性质也类似。我并不是故意刁难她们，她们在能力范围内因个人意愿不服从分配。我这合同到底有效吗？我错了没有？个个学着来，我就难派工了。企业还怎么经营？"

在本案例中，朱先生把两名年轻女工小绿和小美当做主管来培训，非常重视她们，而小绿和小美总以老员工自居，结果造成了上述对簿公堂那样的结果。

对此，华尚律师事务所黄华律师解答：物业公司和小绿、小美签的合同是双方平等协商的结果，没违反法律强制性规定，合同有效，双方应严格履行合同义务。小绿和小美不服从公司正常合理的工作调动，连续旷工15天以上，公司有权解除劳动合同。且根据《民法通则》规定，小美值班不在岗，致使业主财产遭到损失，公司在赔偿业主损失后，有权向小美追索。但物业公司必须为小绿和小美缴纳社会保险费，否则她们可单方解除劳动合同，且要求公司付经济补偿。

作为任何一名合格的员工，不仅要做好本职工作，而且还要将本职工作做到最好，而上述案例中的小绿和小美却为自己开脱，不仅没有做好本职工作，还拒绝服从领导者的工作安排，总以老员工自居，这样的员工肯定是要被老板辞退的。其实，小绿和小美也不是个案，张永生的行为也差不多。

　　张永生是贵州省凤冈县一家锌硒茶厂的员工，在这家工厂工作的10多年中，张永生总是勤勤恳恳、认认真真、保质保量地完成自己的工作，终于从一名出纳爬到了公司财务部经理的位置，享受着优厚的薪水和福利待遇。

　　张永生是该锌硒茶厂的老员工，论资历公司中很少有人能在他之上，这让张永生养成了自以为是、目中无人的不良习惯。

　　随着该锌硒茶厂的不断发展壮大，公司陆陆续续招聘了一批新人，财务部也招聘了一个名牌财经大学毕业的高才生。

　　为了让这名新员工尽快适应工作岗位，该锌硒茶厂要求老员工要尽量帮助新员工。在这名新员工到来的时候，身为财务部经理，张永生表示要做好带头示范作用。

但在实际工作中，张永生并没有像自己所说的那样去做。他不但摆老员工的架子，对这名新员工颐指气使，还想方设法给这位新员工设置工作障碍，排挤她。

经过暗中观察，张永生发现这位新员工年纪轻，性格柔弱内向。经过一番合计，张永生对她制定了"全面遏制"计划，尽量不让她接触核心业务，甚至连电脑也不让她碰，还美其名曰："专人专用。"

这让这名新员工十分气愤，但她还是忍辱负重，工作仍一丝不苟，精益求精。

由于张永生自以为是，目空一切，结果，他的工作出现了一次重大失误，使该锌硒茶厂受到严重损失，老板给张永生施加压力，让那位新员工参与进行全面的"纠错"。慢慢地，老板越来越重用这位新员工，而张永生则被边缘化了。

在本案例中，张永生从一个普通的出纳，经过自己的努力奋斗，晋升到财务部经理，可以说是有一个不错的职业生涯，然而，张永生当了财务部经理后，总以老员工自居，忘了自己的工作职责，特别是当招聘新员工后，经常封杀新员工，结果使得自己被老板冷藏。

像张永生这样的案例举不胜举，一旦他们发现有新员工加盟后，总喜欢摆老员工的架子，认为自己资格老，便经常指使新员工。有的老员工经常让新员工沏茶倒水、打扫办公室，干一些又杂又累的工作；有的老员工还经常动不动就训斥新员工，给他们讲自己的辉煌过去，炫耀自己曾经如何过五关斩六将，并且对新员工的工作胡乱指导；有的老员工经常为了保住自己的地位，对新员工进行压制，甚至是打击。

在上述案例中，张永生就是这样的老员工。这种现象在现代的中国企业里造成了非常恶劣的影响，对于中国企业的健康成长极为不利，而老板对于这种现象也是深恶痛绝的。因此，资历老不一定是能力强，在竞争日益激烈的当今时代，能者上，庸者下，没有哪位老板愿意用钱养一个资历老而对于企业却没有任何价值的老员工。当然，只要员工认真工作，把自己的本职工作做到最好，同样也会得到老板的提拔和重用。

孙晓文是财务部结算科的一名普通会计，主要负责家电商场的财会业务。

自公司成立之初就进店的孙晓文见证目睹了公司 20 多年来的发展、变化和日益壮大，而孙晓文也在公司的发展中不断学习业务知识，不断提高专业水平，兢兢业业地为公司默默地奉献着。

为了适应"高起点、高标准、高档次"的发展要求，也为了使管理更加科学化、直观化，公司经过多方考察、认证，决定采用商业软件。

每一次新软件的启用都需要对员工进行培训。复杂的电脑操作程序，对年轻人来说都不是件容易的事，而对于近 50 岁的孙晓文来说学起来更是难上加难。

一是她从来没有接触过电脑，二是她年龄大，许多东西记不住，"但既然公司要求了，我们就要学会"，孙晓文没有因此退缩，早早地利用自己的空余时间开始了电脑的学习。学打字，学软件，不懂就问，不会就学。

功夫不负有心人。经过一段时间的学习，现在的孙晓文在电脑操作方面丝毫不逊于年轻人，业务问题也处理得有条不紊，毫无差错。

作为老员工，孙晓文从来没有以老员工自居，对于新来结算科的员工，孙晓文总是不厌其烦、毫无保留地将自己的经验、知识传授给他们，使他们尽早掌握业务流程，适应岗位，起到了很好的传、帮、带的作用。

而对于每月来对账的商场的员工、供应商，孙晓文总是热情地接待，遇到他们有不明白的地方，孙晓文总是耐心细致地进行解释，找单子核对，直到把问题弄明白为止，而孙晓文也得到了大家的赞赏与尊重。

虽然在普通的岗位上每天重复着同样的工作，但孙晓文从不马虎对待，认真地处理好每一笔业务。如今已近退休之年的孙晓文依然在默默地奉献、付出，用心去工作。因为孙晓文知道，最不平凡的事就是做好每一件平凡的工作。也正因为孙晓文在工作中表现出来的勤奋、努力，连续两年被评为公司先进工作者。

在上述两个案例中，孙晓文和张永生的做法截然不同，孙晓文处处替公司着想，而张永生却总以老员工自居。可敬的是，尽管孙晓文在同一岗位上工作了20多年，她并没有成为财务部经理，但她依然将自己的工作经验分享给新员工。

反观张永生，当新员工加盟后，张永生处处为难新员工，时刻提防，制订封杀方案。这样的做法不仅伤害了该锌硒茶厂的发展，同时也丧失了自己的前途。俗话说，革命不分先后，功劳却有大小，企业需要的是能够解决问题、勤奋工作的员工，而不是那些曾经作出过一定贡献，而现在却跟不上企业的发展步伐，自以为是，不干活的老员工。讲资历，但更要看能力。员工的成长有一个过程，也必须经历一定的台阶。但是，如果只讲资历，就会出现论资排辈的现象，重视资历而忽视能力，打压那些有能力的员工的积极性。

每一个身在职场中的人士都应该明白，这是一个凭实力说话的年代，能者上，庸者下，没有老板愿意拿钱去养一些无用的闲人。身为公司的老员工，如果想跟上公司发展的步伐，不被淘汰，必须不断为自己充电。资历不是能力，不能靠资历吃饭，能力才是衡量一个人的标准。

理由 31　缺乏团结协作精神

任何优异成绩都是通过一场相互配合的接力赛取得的，而不是一个简单的竞争过程。任何团队成员必须关注整个团队的利益，而不是自己的个人利益，要善于传出接力棒，而不是单枪匹马独自完成整场比赛。

——企业管理专家　阿瑟·卡维特·罗伯特斯

在当今复杂的市场竞争中，新技术的不断涌现，导致公司之间的竞争越来越激烈，从而使企业所面临的情况和环境越来越复杂。面对这样的情况，就更需要员工之间的通力合作，从而更好地发挥团队的作用。高绩效的团队必须要求所有组织成员之间在工作过程中进一步相互依赖、相互关联、共同合作。当然，高绩效的团队仅靠合作仍然是不够的，卓越团队必须是建立在所有成员具有共同的理念和奋斗目标之上，有统一的行动纲领和行为准则，才能解决错综复杂的问题，并进行必要的行动协调，保持组织应变能力和持续的创新能力。

那么，什么是团队呢？所谓团队，就是指一些才能互补、团结和谐，并为负有共同责任的统一目标和标准而共同行动的一群人。团队不仅强调个人的工作成果，更强调团队的整体业绩。团队所依赖的不仅是集体讨论和决策，以及信息共享和标准强化，它强调通过成员在共同理念的指导下，对共同目标的努力，能够得到实实在在的集体成果，这个集体成果超过成员个人业绩的总和，即团队大于各部分之和。团队的核心是共同理念和奋斗目标。这种共同理念和目标需要每个成员能够从内心理解并为之行动。只有切实可行而又具有挑战意义的目标，才能激发团队的工作动力和奉献精神，为工作注入无穷无尽的热情和能量。

毋庸置疑，团队意识是一种为达到既定目标所显现出来的自愿合作和协同努力的精神，能调动组织成员的所有资源和才智，对企业发展起决定性作用。老板最困难的工作，是让他的部属凝聚于向心力，互相合作，能够做到这一点的，必定是同行中的佼佼者。在竞争日趋激烈、市场需求越来越多样化的情况下，企业管理层所面临的情况和环境也越来越复杂，靠个人能力很难完全处理各种错综复杂的信息并采取切实高效的行动，而必须依赖组织成员之间的相互关联、共同合作。具有良好的团队合作精神的企业，才具备解决错综复杂的问题的能力，才能保持组织应变能力和持续的创新能力。

事实证明，合作就是力量。没有人能够单靠自己成就一切。人们必须结合在一起，将个人的才能、创造力和精力投注到团队中，才能发挥最大作用。在当今快节奏工作环境中，团队的执行力与创造力比单打独斗的个人强得多，因为"缺乏团队精神的群体只不过是一群乌合之众"。在这里，我想起了一个小故事：

> 汤姆和上帝谈论天堂和地狱的问题。上帝对汤姆说："来吧，我让你看看什么是地狱。"于是，上帝带汤姆走进一个房间，屋里有一群人围着一大锅肉汤，每个人看起来都营养不良、绝望又饥饿。他们每个人都有一只可以够到锅里的汤匙，但汤匙的柄比他们的手臂要长得多，足足有2米长，自己没法把汤送到嘴里。他们看上去是那么悲苦。

"来吧，我再让你看看什么是天堂。"上帝又把汤姆领到另一个房间：这里的一切和上一个房间基本上没有什么不同。一锅汤、一群人、一样的长柄汤匙。不同的是，这里所有的人精神焕发，大家都在快乐地唱着歌。

"为什么会这样？"汤姆不解地问，"为什么同样的待遇和条件，天堂里的人是如此的快乐，而地狱里的人却是那么的悲惨？"

上帝微笑着说："其实很简单，天堂里的人会用自己的汤匙喂给别人，但地狱里的人不会这样做。"

同样的环境，同样的条件，在不同的群体中竟然有着天堂与地狱的差别，为什么？因为协作使一个群体变成团队，协作使一个群体变劣势为优势，协作使优势发挥得淋漓尽致。尽管这仅仅是一个传说，但"喂食精神"之于今天的生产、安全有着极大的现实意义。在这里，我们先从团队的特征谈起。

大多数企业的高层都提倡团队工作，但团队并不是指任何在一起工作的集团、行动小组，团队是一些才能互补、密切合作并为负有共同责任的目标而奉献的少数人员的集合，因此它有如下特征。

第一，对团队成员来说，每个成员的努力和奉献，都是为了团队的力量能够最大化。如果每个成员的努力和奉献不是为了团队的力量，那么团队就不成其为团队，只是松散的个人集合。对于团队来说，个人的努力和奉献微不足道，只有让团队的力量最大化才是至关重要的因素。

第二，一个团队如果不能确定一个明确、具体的工作目标，或者具体工作目标和整体目标毫无关系，那么整个团队成员会因此变得困惑、涣散、表现平庸。事实上，明确的工作目标使每个团队的成员完成这个目标做好充分的准备，否则团队成员的共同努力将是空中楼阁，无法实现。同时，共同的目标，才能使团队中的每一个成员各司其职，获得明确的工作方向，而工作的目标，也是考核团队价值的核心标准。

　　第三，团队将比传统的线性层级结构更能将员工团结在企业周围。因为凝聚力强的团队有着明确的分工和紧密的协作，每个团队的成员都必然将团队的工作目标放在首位，团队的荣誉作为个人的荣誉。

　　第四，以企业组织为中心。在高效率和高产出的企业中，团队将成为主要的工作单位。但是并不意味着团队将取代个人努力或是正规的企业层级结构和体系。相反，团队将加强现有的企业结构，在层级结构限制了发挥最佳功效的地方，团队都为企业提供了良好的解决办法。因此，团队的构成将是以企业原有的组织结构为核心，依照原有的组织结构推进工作。

　　第五，团队成员的专业性。每个团队都需要每个成员具有明确的分工，而在完成具体工作目标的过程中，需要多种专业人才的相互配合和协作。比如，建立医生诊断的计算机辅助系统，当然需要计算机的专业人才，并在医生的协助下才能完成。

　　现代化的企业是一个完整的控制系统，许多工作都需要分工协作来完成。如果一个员工在一个团队中很另类，或者明显地不合群，即使很优秀，这个员工也将被企业抛弃，因为现代企业更注重团队精神和和谐共处，任何不和谐因素都有可能成为企业发展和单项任务完成的阻碍，再大的企业也不能冒这样的风险。

　　乐海兰所在的南国梅兰花园是嘉顺房产公司在华东地区正开发的一处近 10 万平方米的住宅小区。小区分成三期开发，一期正在交房，二三期还在建设中。一期的销售是请销售代理公司做的，后来代理公司退出，公司接手自行销售。乐海兰最近被公司任命为市场总监，全面负责该小区项目的开发、销售等各项工作。公司人事部还推荐来了一位销售主管，据说是总经理的一位亲戚。

　　通过招聘，乐海兰很快组建了一个新的销售班子。经过上岗培训和试用，销售部的工作逐渐正常。但是不久却发现，销售主管经常迟到、早退，工作漫不经心，更缺乏主动性。作为一个关键部门的主管，长此以往，必将给销售人员带来负面影响。乐海兰找他谈过几次，并无效果。乐海兰行事果断，眼见销售部的工作逐渐涣散，便以违反劳动纪律为由处罚了销售主管。

乐海兰并不在意销售主管与总经理的亲戚关系。她认为，不只是自己，总经理和销售主管都可以摆正工作与亲戚之间的关系。乐海兰找到总经理，很坦诚地谈了自己的看法，总经理很支持她，并告诉乐海兰不必过多考虑这件事，他也可以帮助劝导那位销售主管。

但就因为这件事，销售主管与乐海兰之间产生了隔阂，他不再主动与乐海兰就工作问题进行沟通。有时，乐海兰甚至从其满不在乎的神态中看到了某种蔑视。

小区二期开发进展顺利，公司开始催促乐海兰尽早完成销售方案，并提出，由于代理公司为尽快完成任务将一期销售价格压得太低，因此二三期定价要相对提高。

此时，一期交房正近尾声。有个别已入住的业主，入住时与公司物业部签署的协议中同意不封阳台，入住后却将阳台封闭起来，物业部因此希望销售部配合共同做好业主工作。销售主管与业主交涉，但业主认为，阳台所有权是业主所有，无论是否与物业部签署协议，封不封阳台都与对方无关。

在僵持过程中，又有业主反映原来代理公司售楼员的很多承诺都没有实现。由于原代理公司已经撤出，无从查实考证。销售主管以此为由，拒绝了业主的要求。双方由此越闹越僵，业主提出的问题也越来越多，诸如在一期入住前，公司为何向业主另收小区信箱制作费；也有提出房屋质量出现问题，如样板房地板翘起、墙壁渗水等。

业主们联合起来找律师，提出要与公司打官司，向媒体反映。

乐海兰感到了事态的严重性。现在一期业主的问题，不只是解决难度加大，更主要的是，如果一期业主真的联合起来到售楼处发布不利于公司的言论，对二三期销售的打击将是致命的。她为此很严厉地批评了销售主管。但销售主管却认为，出现这样的问题，主要责任在业主，即便打官司，业主也拿不出有说服力的证据。他甚至说乐海兰在处理这件事情上有意与他为难。两人不欢而散。

乐海兰觉得不能再犹豫，二期销售迫在眉睫，如果销售主管不得力，将来的销售设想实现起来会困难重重。她找了总经理，提出要撤换销售主管。总经理没有同意，但也没有表示更多的意见，只是希望乐海兰尽快想办法把一期楼盘出现的问题解决。

乐海兰感到很苦恼。她自信有能力完成整个小区的开发、销售任务，但对处理好销售主管这件事却感到力不从心了。而对后者处理结果的好坏会直接影响销售任务的完成。

在此案例中，如果乐海兰处理不好团队中的各项事务，那么肯定会遇到巨大的麻烦。为此，在一个团队当中，人人都需要集中全力使整个团队调整到巅峰状态，并且永久保持这种状态。如果没有团队成员的支持和帮助，个人的计划再详细，也难以圆满实现。任何公司的发展和壮大，都依赖员工的有效合作。当个人利益与团队利益发生冲突时，应以大局为重，而不是以自我为中心。在这个竞争的时代，集体主义比个人主义更有效，公司的成功依赖更多的是团队的力量。尽管每个人所处的岗位不同，性格也各不相同，但需要明确的是，有一点是共同的，那就是为实现公司的整体目标而团结一致，共同奋斗。

事实证明，每一个成功企业，都依托着一个成功的团队。要想获得成功，你就应该学会与人合作，而不是单独行动。只有把自己融入团队中，你才能取得更大的成功。而融入团队必须要有团队意识，摒弃"独行侠"的思想，代之以齐心协力的合作意识，扮演好自己的团队角色，这样才能保证团队工作的顺利进行。尽管每一个企业都需要像鹰一样的个人，但更需要像大雁一样的伟大团队。

现代的管理制度中，团队建设常常被人们当做一个典型的、无可替代的管理模式，因为它代表一种工作方式的转变，是工业经济时代的线性分级制向新经济时代的环形结构转变的结果。但是并不是所有的管理都需要团队建设来完成，如果在一项工作中，个人的贡献最具价值，比如走访客户的维修工程师，就无须过于强调团队的作用，相反，在一个个人贡献的价值相对较弱的工作中，特别需要强调团队的作用，团队表现的价值高于一切。团队要想创造并维持高绩效，员工能否扮演好自己的角色是关键也是根本，所以新一代的员工必须树立以大局为重的全局观念，不斤斤计较个人利益和局部利益，将个人的追求融入团队的总体目标中去，从被动地遵守到自觉地培养，最终实现团队的整体最佳效益。

理由 32　刚愎自用，固执己见

刚愎自用的员工，他们为人做事，居高临下，颐指气使，势必让其他同事产生压抑感，顿生排斥心理，避而远之。
　　　　——美国哈佛大学商学院教授、管理学大师　迈克尔·波特

在职场上，最可怕的事情就是对待老板的决策刚愎自用、固执己见，这样会给自己带来巨大的麻烦。

作为职场人士，要善于听取老板的意见，对老板的批评或要求要认真听取，不要因小事而同老板翻脸。

刘海涛大学毕业后应聘到深圳一家很有实力的企业做技术员。

刘海涛凭着自己的才智和勤奋，一年就成为企业工程估价部主任，专门估算各项工程所需的价款。

当然，刘海涛的工作能力也是非常强的。可刘海涛自身存在的问题也非常突出：刚愎自用，从不肯接受别人的意见。

有一次，刘海涛的一项结算被一个核算员发现估算错了 5 万元，幸亏发现得及时，要不然公司就会白白损失一笔资金。

事后，老板把刘海涛找来，指出他算错的地方，让刘海涛拿回去

更正，并希望他做人谦虚一点，工作再细心一点。

没想到刚愎自用的刘海涛既不肯认错，也不愿接受批评，反而大发牢骚，说那个核算员没有权力复核自己的估算，更没有权力越级报告。

老板问刘海涛："那么你的错误是确实存在的，是不是?"

刘海涛说："是的。可是……"

老板见刘海涛又要诡辩，本想发作一番，但念及刘海涛平时工作成绩较好，就原谅了他，只是叫刘海涛以后要注意。

不久，刘海涛又有一个估算项目被他的老板查出了错误。

老板再一次把刘海涛找来，准备和他好好谈谈这件事。

老板刚一开口，刘海涛就想当然地认为是老板故意和他过不去，态度傲慢地说："不用多说了。我知道你还把上次那件事情记在心上，这次特地请了专家查我的错误，借机报复。但这次我依然认为肯定没错。"

老板根本没想到刘海涛拒不认错，还随便怀疑自己，便对刘海涛说："现在我只好请你另谋高就了，我们不能让一个不许大家指出他错误、不肯接受别人批评和建议的人来损害公司的利益。"

老板本来是想提醒刘海涛，在工作中细心一点，没有想到刘海涛不但不接受老板的批评，还指责老板借机报复。当然，刘海涛也得到了惩罚，被老板辞退。

其实，像刘海涛这样的员工数不胜数，为什么他们就不听取老板的意见呢? 主要源于这类员工刚愎自用，大都自认为非常了不起，总觉得自己是"老子天下第一"，看不起别人，听不进不同意见，固执任性，独断专行。有此性格缺陷的员工，大多会招致事业的不幸。古今中外，莫不如此。通常，刚愎自用主要有三种类型。

第一种类型，行为上独断专行，固执己见，我行我素，旁若无人。这种类型的员工一般都曾经取得过成功，在某部门担任要职。正因为有过成功，便觉得自己什么决策都是对的，工作上自以为是，听不得别人的意见，殊不知胜利来自于团队，而不是个人，一个人的力量是有限的。这种员工的结局都是在关键性的事件中一败涂地，三国时期关羽的大意失荆州就是典型案例。

第二种类型，思想上目空一切，胆大妄为，犯上作乱，徒惹事端。这种类型的员工一般表现为：觉得自己有经天纬地之才，把任何事都不放在眼里，傲慢自负，屡屡犯上。这种员工即使很有才，公司也不敢委以重任，因为这种员工经常会惹是生非。这种员工的结局也好不了，只能是看着别人干事情，空悲切。

第三种类型，说话盛气凌人，口吐狂言，伤及别人，破坏人际关系。这种员工在同事面前目空一切，高高在上，口无遮拦，随意发表自己的见解，从不顾及别人的感受，工作还没干，就已经出局了。其实人生之不幸，往往就败在倔犟固执，自以为是的性格上。

从以上几点发现，刚愎自用是一种非常可怕的坏毛病。它可以使人越来越不知道天高地厚，离真理越来越远，离自己身败名裂越来越近。楚汉相争之中项羽为何败于刘邦？原因之一，就在于项羽刚愎自用，自大无谋，沽名轻敌，骄傲自大，不可一世。项羽身边有一个号称亚父的谋士范增，主张在"鸿门宴"上除掉刘邦，然而在这"关键时刻"，项羽却对他的意见不予理睬，对刘邦的假意殷勤毫无察觉，反把曹无伤的告密直接告诉刘邦，反映了他只是一个有勇无谋、不懂策略、麻痹轻敌的草包将军。一般地，刚愎自用的人具有如下特点。

第一，凡刚愎自用的员工都非常自负、傲气十足，目中无人，一相情愿，唯我独尊，都认为自己是穷尽了真理的人。应该说没有一点"资格"、"本领"是不能拥有刚愎自用这个"称号"的。这类员工，有一定的能耐，在自己的工作、事业上还做出过一定的成绩，因而自信到了极点，自大自傲，自我感觉一直良好，达到了自我陶醉，不可一世。有的刚愎自用的员工还是典型的自我崇拜狂，看人是"一览众山小"，自己什么都是对的，别人统统都是错的。这类人个性孤傲，对人冷若冰霜。尽管他没有跑到大街上宣布："上帝已经死了，我就是上帝。"但是，他的所作所为却无声地宣布自己就是上帝。

第二，凡刚愎自用的员工都顽固、守旧、偏执。对于某种理念，过于专注，认准了的，就坚持到底，死不回头，一个劲地认为自己是在坚持原则，坚持真理，实际上他们认的却是死理，却是过了时的土教条，或是不符合国情、社情的洋框框，一点灵活性都没有。这类员工面对世界的发展进步，觉得是不可思议或是在瞎胡搞。自己的这种想法，明明是与时代潮流相违背，却反过来认为是时代在倒退，是一代不如一代。这类人对新事物、新人物、新现象、新趋势一百个看不惯，视这些为洪水猛兽。有时，他们的言行比保守派还保守，比顽固派还顽固。

第三，凡刚愎自用的员工都是极其爱面子的人。这类员工自尊心强极了，一点都冒犯不得，谁若是当面顶撞了他，尤其是在大庭广众之下顶撞了他，他就会火冒三丈，认为这是故意和他过不去，故意让他下不了台，是故意在寻衅，他就会从此记在心上，这个"伤口"就很难愈合，往往是一辈子都难以忘掉，以后一有机会就会对"发难者"进行排挤打击报复，以报这个"宿怨"。若是"发难者"是在他手下工作的，就会因此而失去他的信任，就会很随便地找个"理由"给他穿小鞋，这个人便很难再会有"发迹"的机会。

第四，凡刚愎自用的员工都是从来不认错的人。这类员工对自己的眼光和能力从来都不怀疑，有时明明是自己错了，就是不承认；明明是将事物搞得很糟，就是不认账；明明是自己的指导思想出了问题，却偏偏说是他人将他的思想理解错了……总之，黑的说成是白的，错误变成了真理，成绩永远是自己的，错误永远是他人的，拒绝失败，即便有错，也是"一个指头和九个指头"，是"七分成绩和三分缺点"，因而经常是倒打一耙，反诬批评者不怀好心，是立场错了，是思想方法出了问题。不仅如此，为了彻底杜绝批评者的反对声音，利用权势大整特整那些批评者。鉴于刚愎自用者的不肯悔改，又不听他人的劝告，往往是在错误的道路上越走越远，其结果就会与自己原来美好的奋斗目标南辕北辙。

第五，凡刚愎自用的员工都是好大喜功的人。这类员工尤好自我肯定、自我表彰，做了一点点有益的事，就沾沾自喜，到处表功，唯恐他人不知道。这类员工也只喜欢听好话，听吹捧的好话，不喜欢听不同的意见，更不喜欢听反对的声音，因而在他的周围聚集着一帮献媚于他的小人，这些小人会投其所好，在他面前搬弄是非，结果这类有权势的刚愎自用者离"忠良"就会越来越远。

对于那些想要获得成功的人来说，一定要及早抛弃刚愎自用的心理，用一种客观、理智的态度面对工作和生活。听取别人意见的人，不仅职场顺畅，而且还能有效地和老板沟通。

每年春节一过，天明寺都会格外热闹，因为有很多施主会来寺里进香，为这一年的事业发展和家人健康许愿。

可是今年不同，那些来电话要求来寺里烧新年头炷香的施主都被智缘师父回绝了。因为雪下得非常大，山路很不好走，智缘师父说，许愿随时都可以许，这个时候，还冒着危险来寺里就没有必要了。

除夕之夜，山下淼镇传来阵阵爆竹声，站在寺门外，看着远方绽放的烟火，戒嗔知道，其实烟火下那一张张充满喜悦与期待的笑脸才是这个时节最美丽的事物。

这个年过得安静而祥和。

雪停了几天，转眼便到了初五。这天陆续有些香客上山来，绝大部分都是熟悉的人，其中包括常客曲施主。

戒尘和戒痴都很喜欢曲施主，因为曲施主平日走南闯北，见闻比较多，每次曲施主来便会说不少新鲜事。

曲施主坐在佛堂门外和戒尘、戒痴他们开心地闲聊。聊着聊着，曲施主忽然说："这几年我经常去寺庙，我那些同事们都说我越来越有佛相了。"

坐在旁边的戒痴便跟着回答了曲施主一句："我觉得也是。"

曲施主开心不已，忙不迭地夸戒痴有见识。

戒痴忽然转过头，用手指着佛堂里的弥勒佛说："你看，肚子已经越来越像了。"

大伙一起大笑，把曲施主笑得很不好意思，欲找戒痴算账，可是戒痴早跑得远远的了。

过了一会儿，轮到曲施主上香，曲施主跪在佛像前许愿，口中念念有词，和别的施主小声许愿不同，曲施主说得很大声，他说一大堆愿望，然后请佛祖这一年保佑家人和朋友们事事顺心，曲施主顿了顿，然后又多加了一句，老刘可以少保佑一点。

戒嗔心中有些奇怪，这个老刘是谁，也不知道为什么曲施主如此的不喜欢他。

吃饭的时候，戒嗔忍不住问曲施主说："老刘是谁？"

曲施主一愣回答说："老刘是我一个同事，人其实还行，就是总爱和我对着干，常常被他气得吵架。"

智缘师父听到后笑了笑，也没有说什么。

到了下午，来拜佛的人逐渐离开，曲施主因为路程较远，打算在寺里住几天，便留下来没有着急走。

智缘师父忽然走到曲施主身边问："曲施主，赌钱吗？"

曲施主吃惊地看着智缘师父，心中可能奇怪，和尚还赌钱？他环顾佛堂里的满屋神佛，小声地回答说："这不太好吧？"

智缘师父笑着说："这没有什么不好的呀。"

智缘师父拿出一个 1 块钱的硬币说："我们来猜正面或反面吧。"

曲施主笑着说："原来是这种猜硬币呀，我误会了。我刚才心里还在想，来寺里拜佛也不太好意思赢师父们的钱呀。"说完忍不住呵呵地笑了。

智缘师父笑笑，把硬币放在桌上快速地转动着，然后用手一按，让曲施主来猜，曲施主犹豫了一下说："是正面吧。"

智缘师父又问其他人，大家纷纷猜测，然后智缘师父说："我也认为是正面。"然后他把手从硬币上移开，果然是正面。

连续猜了 7 次，而曲施主答对了 3 次，智缘师父每次都会选和曲施主一样的答案。

智缘师父把硬币收了起来，对曲施主说："刚才我们猜硬币，我每次都支持曲施主的想法，但我也一样没有全部猜对。那位老刘施主如果在这里，即使他次次都反对曲施主的话，那么他也会有四次是答对的。"

上述故事给予我们的启示是，我们总会因为别人的反对意见而尴尬，总会觉得别人的意见没有可取之处，但每个人都无法全面，要知道我们自己常常就是错的。所以每一个人都应该学会听取别人的意见，从别人的意见中来获取自己需要的东西。听取意见，说起来简单，做起来其实并不容易。古来因为不愿听取别人的意见，最终亡国败家死人的，多了去了。当然，能够虚心听取别人意见的人也不少，比较著名的就是战国四君子之一的孟尝君。

孟尝君名叫田文，是齐国的贵族。

有一次孟尝君代表齐国前往楚国访问，楚王送他一张象牙床。孟尝君令一人护送象牙床先回国。

这人怕在途中损坏了象牙床，就请一个叫公孙戌的人替他辞了这趟差事，并许诺事成后把祖传的宝剑送给他。

公孙戌答应了。他见到孟尝君说："各个小国家之所以都延请您担任国相，是因为您能扶助弱小贫穷，大家十分钦佩您的仁义，仰慕您的廉洁。现在您刚到楚国就接受了象牙床的厚礼，那些还没去的国家又拿什么来接待您呢!"

孟尝君觉得说得有理，于是决定谢绝楚国的象牙床厚礼。公孙戌告辞时神采飞扬，被孟尝君看了出来。

孟尝君就把他叫了回来，问道:"你为什么那么趾高气扬、神采飞扬呢?"

公孙戌只得把赚了宝剑的事如实报告。孟尝君并没有生气，反而令人在门上贴出布告，写道:"无论何人，只要能弘扬我田文的名声，劝止我田文的过失，即使他私下接受了别人的馈赠，也没关系，请赶快来提出意见。"

时至今日，仍然有很多人在讨论科学研究这样严肃的问题上，还会对自己看不惯的人的意见弃之不顾，即使意见本身是正确和有益的。而上述案例中的孟尝君却不一样。孟尝君在听取意见时，只看这个意见对自己是否有利，并不在乎给出这个意见的人出于什么目的。这一点真是听取意见者的典范。《诗经》写道:"采葑采菲，无以下体"（意思是"采集蔓菁，采集土瓜，根好根坏不要管它"）。孟尝君真的做到了这种兼容并包的雅度。这是值得我们学习的地方。对此，业内专家指出，善于听取别人的意见应注意以下三点。

第一，听取意见，首先要兼收并蓄、海纳百川。先不管别人说的意见正确与否，你首先应该允许人家向你提意见。如果你阻塞言路，那你又如何能够得到别人的帮助呢? 所以说，听取意见，首先是让人说出来，要有虚怀若谷的气量，要能够兼收并蓄、海纳百川。

第二，听取意见，还要抽丝剥茧、由表及里。每个人的表达能力都是不同的，不是谁的表述都能够开门见山，直中要害。特别是古人的奏疏，往往旁征博引，长篇大论，如果没有一定功夫，你还真看不出他表达的意见究竟是什么。但是作为听取意见者，不能因为这样就把他的意见束之高阁。

　　第三，听取意见，还要去伪存真、去粗取精。既然有了兼收并蓄和海纳百川，那么意见就可能有正确和错误两种，听取意见者还应具备去伪存真、去粗取精的火眼金睛，从中找出对自己有利的和有用的意见。

理由 33　拒不服从老板的指令

个人要服从集体或更大的整体，服从部队，服从一个团队。

——美国西点军校校训

在西点军校，对西点学员来讲，对上级的服从是百分之百的正确。因为他们认为，西点军校所造就的人才是从事战争的人，这种人要无条件执行作战命令，要带领士兵向设有坚固防御之敌进攻，没有服从就不会有胜利。

在西点，服从主要是一项考验，学员若能成功地通过这些考验，即可达到自律自制，以及更大的自主独立，使他们日后能够成为不求近利、高瞻远瞩的管理者。同样，在职场中，在下属和老板的关系中，服从是第一位的，也是天经地义的。下属服从老板，是上下级开展工作，保持正常工作关系的前提，是融洽相处的一种默契，也是老板观察和评价自己下属的一个尺度。因此，作为一个合格的员工，必须服从老板的命令。

事实上，公司中管理者的成败，很多地方是由于有没有学会服从的角色。服从的角色，就是遵照指示做事。服从的员工必须暂时放弃个人的独立自主，全心全意去遵行所属机构的价值观念。服从需要个人相当大的努力，特别是一向追求个人自由、自主的员工。因此，无论任何人，只要他处在服从者的位置上，就要遵照上级指示做事。服从的人必须暂时放弃个人的独立自主，全心全意去遵循所属机构的价值观念。一个人在学习服从的过程中，对其机构的价值观念、运作方式，会有更透彻的了解。

对此，通用电气前 CEO 杰克·韦尔奇在接受美国《哈佛商业评论》采访时强调："一个高效的企业必须有良好的运行机制，在这样的企业里，服从观念是深入人心的。一个优秀的员工也必须有服从意识，因为老板的地位、责任使他有权发号施令；同时老板的权威、整体的利益，不允许部属抗令而行。"

反观西点军校的成功，一个根深蒂固的观念是：学不会服从，也就学不会管理。将服从训练成习惯，就会水到渠成地走向成功。在西点，每一个军人必须服从上级的指挥；在公司，每一位员工也必须学会服从上司的安排。参谋长联席会议主席必须向三军总司令，也就是总统负责，而总统则必须向国会及全体国民负责；即使是跨国公司的总裁，仍然是向董事会、股东和消费者负责。因此，当老板的决策有错误的时候，员工可以大胆地说出自己的想法，同时让你的老板明白，你只是建议。身为公司的员工，你就要谨记一点：你是来协助老板完成经营决策的。老板的决定，哪怕不尽如你意，甚至与你的意见完全相反，当你的建议无效时，你应该完全放弃自己的意见，全心全意去执行老板的决定。

"糟了！糟了！"王经理放下电话，就叫了起来："那家便宜的东西，根本不合规格，还是原来林老板的商品好。"狠狠捶了一下桌子："可是，我怎么那么糊涂，写信把他臭骂了一顿，还骂他是骗子，这下麻烦了！"

"是啊！"秘书张小姐转身站起来，"我那时候不是说吗？要您先冷静冷静再写信，您不听啊！"

"都怪我在气头上，想这小子过去一定骗了我，要不然别人怎么那样便宜。"王经理来回踱着步子，指了指电话："把电话告诉我，我亲自打过去道歉！"

秘书一笑，走到王经理桌前："不用了！告诉您，那封信我根本没寄。"

"没寄？"

"对！"张小姐笑吟吟地说。

"嗯……"王经理坐了下来，如释重负。停了半晌，又突然抬头："可是我当时不是叫你立刻发出吗？"

"是啊！但我猜到您会后悔，所以压下了。"张小姐转过身，歪着头笑笑。

"压了三个礼拜？"

"对！您没想到吧？"张小姐说。

"我是没想到。"王经理低下头，翻记事本，"可是，我叫你发，你怎么能压？那么最近发南美的那几封信，你也压了？"

"我没压。"张小姐脸上更亮丽了，"我知道什么该发，什么不该发……"

"你做主，还是我做主？"没想到王经理居然霍地站起来，沉声问。

张小姐呆住了，眼眶一下湿了，两行泪水滚落，颤抖着、哭着喊："我，我做错了吗？"

"你做错了！"王经理斩钉截铁地说。

（案例来源：《员工最佳生存手册》，中国纺织出版社，2005 年第一版，作者：林少波）

看完这个故事，大家可能会想：明明是秘书张小姐救了这个公司，王经理不仅不感谢，还恩将仇报，如果说"对"，那么你真的就错了！正如王经理说的，"你做主，还是我做主？"假使一个秘书可以不听命令，自作主张地把老板要她立刻发的信压下三个礼拜不发，那"她"岂不成了老板？如果有这样的"暗箱作业"，以后交代她做事，谁能放心？所以张小姐有错，错在不服从。

哈里·杜鲁门总统为何解除了道格拉斯·麦克阿瑟将军的职务？朝鲜战争的失败只是其中的一个原因。杜鲁门总统在解除麦克阿瑟将军职务时说，他之所以终止麦克阿瑟将军的政治生涯，既不是由于麦克阿瑟将军同他意见不一致，也不是由于麦克阿瑟将军对他进行人身攻击，而是由于麦克阿瑟将军不尊重总统的办公厅，这是绝对不能容忍的。麦克阿瑟最后被撤职，就是因为他不服从上级。

麦克阿瑟不服从上级指令可是历来有名的。在 20 世纪 20 年代末 30 年代初的经济危机期间，一些退伍军人及其家属到华盛顿请愿，要求政府发给现金津贴。

当时任陆军参谋长的麦克阿瑟到示威现场阻拦，时任总统胡佛指示麦克阿瑟不要动用军队对付示威者。麦克阿瑟对总统的指示不予理睬，用军队驱散了示威的人群。

第二次世界大战结束后，杜鲁门总统尽管对麦克阿瑟印象不佳，但对麦克阿瑟还是委以重任。麦克阿瑟成为日本的绝对统治者，他对日本的政治、经济进行了力度非常大的改革，使日本基本上消除了军国主义、法西斯主义，走上了社会经济迅速发展的道路。但麦克阿瑟在没有经过华盛顿批准的情况下，擅自将驻日美军削减一半。

麦克阿瑟的举动实属目中无人，杜鲁门大为恼火。战争结束后，杜鲁门两次邀请麦克阿瑟回国参加庆典，都被麦克阿瑟以"日本形势复杂困难"为由回绝。

1951 年 4 月 11 日，杜鲁门总统下令撤销了麦克阿瑟的一切职务。最让麦克阿瑟尴尬的是，他是在新闻广播中获悉自己被撤职的。

这一消息来得实在太突然了，没有丝毫思想准备的麦克阿瑟听到后，面部表情一下子呆滞了。他万万没有想到，功勋卓著的他，会被总统在战场上撤销一切职务。

处在服从的角色，就要遵照指示做事。事实上，服从上级指令不仅是在战场上、政坛上，同样在组织中、在公司里，不能与老板保持友好合作关系，只会带来失望的结果。要忠于公司，这当然不是说你一定得同意老板的见解。在公司中，必须要保持上级指挥下级，下级服从上级的制度。若是不注意这一点，不但会给自己和老板造成麻烦，公司的业务进展也会不顺利。

在 A 超市有这样一位员工，她的工作态度、工作效率那是没得谈的。

有一次老板要安排她去分店指导工作，由于她的家人极力反对，她最终没有去成。

然而这是一次短期的安排，由于她的临时变动，使整个安排全被打乱，老板心里很是恼火，于是辞退了那名员工。

毋庸置疑，服从不仅是工作的第一项责任，更是一生都不可缺少的责任。"没有规矩不成方圆"，不论是服从领导的指挥，服从组织的安排，还是服从团队的决定，都是一个员工必须遵守的规则和承担的责任。

作为一名合格的员工，服从公司的工作安排、上级的任务分配，以及团队的分工合作是其应尽的责任。一个优秀的员工应该时刻牢记这样的警世名言——员工的成功与否，有很多时候取决于他有没有学会服从！

的确，优秀员工所能具备的第一准则就是服从。没有员工的服从，任何一种先进的来之不易的制度和理念都是无法建立和推广下去的；没有员工的服从，任何一个精明能干的老板都无法施展其才略和雄心。

理由 34　工作经常只说不做

在很多企业中，有一部分员工，他们大都有一个习惯，就是"只说不做"。

——哈佛大学商学院教授　拉凯什·库拉纳

很多员工往往讲得头头是道，特别是在动员会上，一部分员工说得有板有眼，一旦回到工作中，他们也就把动员会上激情四射的活力给忘记了。

然而，世界 500 强企业却把超额完成员工自己制订的目标奉之为自己企业的圭臬。

反观中国很多企业，今天开张，不到 1 年就关门，其原因就是不管是领导者还是员工都喜欢只说不做，其结果也就好不到哪里去。

"纸上得来终觉浅，绝知此事要躬行。"笔者认为这句话不仅适用于写诗，也适用于每一个员工重视工作实践。

在很多场合，很多员工对工作都是满口口号、敷衍了事，要想改变这种现状，就必须拒绝让那些"秀才们"空泛地去"纸上谈兵"。不信，我们从下面这个故事谈起。

公元前262年，秦昭襄王派大将白起进攻韩国，占领了野王（今河南沁阳），截断了上党郡（今山西长治）和韩都的联系，上党形势危急。上党的韩军将领不愿意投降秦国，打发使者带着地图把上党献给赵国。

赵孝成王（赵惠文王的儿子）派军队接收了上党。过了两年，秦国又派王龁围住上党。

赵孝成王听到消息，连忙派廉颇率领20多万大军去救上党。他们才到长平（今山西高平县西北），上党已经被秦军攻占了。

王龁还想向长平进攻。廉颇连忙守住阵地，叫兵士们修筑堡垒，深挖壕沟，跟远来的秦军对峙，准备作长期抵抗的打算。

王龁三番两次向赵军挑战，廉颇说什么也不跟他们交战。王龁想不出什么法子，只好派人回报秦昭襄王，说："廉颇是个富有经验的老将，不轻易出来交战。我军老远到这儿，长期下去，就怕粮草接济不上，怎么好呢？"

秦昭襄王请范雎出主意。范雎说："要打败赵国，必须先叫赵国把廉颇调回去。"

秦昭襄王说："这哪儿办得到呢？"

范雎说："让我来想办法。"

过了几天，赵孝成王听到左右纷纷议论，说："秦国就是怕让年富力强的赵括带兵；廉颇不中用，眼看就快投降啦！"

他们所说的赵括，是赵国名将赵奢的儿子。赵括小时爱学兵法，谈起用兵的道理来，头头是道，自以为天下无敌，连他父亲也不放在眼里。

赵王听信了左右的议论，立刻把赵括找来，问他能不能打退秦军。赵括说："要是秦国派白起来，我还得考虑对付一下。如今来的是王龁，他不过是廉颇的对手。要是换上我，打败他不在话下。"

赵王听了很高兴，就拜赵括为大将，去接替廉颇。

蔺相如对赵王说:"赵括只懂得读父亲的兵书,不会临阵应变,不能派他做大将。"可是赵王对蔺相如的劝告听不进去。

赵括的母亲也向赵王上了一道奏章,请求赵王别派她儿子去。赵王把她召来了,问她什么理由。赵母说:"他父亲临终的时候再三嘱咐我说,'赵括这孩子把用兵打仗看做儿戏似的,谈起兵法来,就眼空四海,目中无人。将来大王不用他还好,如果用他为大将的话,只怕赵军断送在他手里。'所以我请求大王千万别让他当大将。"

赵王说:"我已经决定了,你就别管吧。"

公元前 260 年,赵括领兵 20 万到了长平,请廉颇验过兵符。

廉颇办了移交,回邯郸去了。赵括统率着 40 万大军,声势十分浩大。

赵括把廉颇规定的一套制度全部废除,下了命令说:"秦国再来挑战,必须迎头打回去。敌人打败了,就得追下去,非杀得他们片甲不留不算完。"

范雎得到赵括替换廉颇的消息,知道自己的反间计成功,就秘密派白起为上将军,去指挥秦军。

白起一到长平,布置好埋伏,故意打了几阵败仗。赵括不知是计,拼命追赶。白起把赵军引到预先埋伏好的地区,派出精兵 25000 人,切断赵军的后路;另派 5000 骑兵,直冲赵军大营,把 40 万赵军切成两段。赵括这才知道秦军的厉害,只好筑起营垒坚守,等待救兵。秦国又发兵把赵国救兵和运粮的道路切断了。

赵括的军队内无粮草,外无救兵,守了 40 多天,兵士都叫苦连天,无心作战。赵括带兵想冲出重围。秦军万箭齐发,把赵括射死了。

赵军听到主将被杀,也纷纷扔了武器投降。40 万赵军,就在纸上谈兵的主帅赵括手里全部覆没了。

　　纸上谈兵，空谈理论，不能解决实际问题，这是兵家大忌。战国时赵括谈起兵法头头是道，后来在长平之战中只知道根据兵书办，不知道变通，结果被秦军大败。

　　事实上，对于任何一个合格员工来说，只说不做都是要不得的。的确，有些员工天生伶牙俐齿、能言善辩，能口吐莲花，说出漂亮的道理，不失为"思想的巨人"；但一面临真枪实弹，顿时无动于衷、懒于奔命，实为"行动的矮子"。如此"华而不实"、只说不做者，从用人的一般原则出发，领导者大可以置之不理、拒之门外；但若从特殊性考虑，领导者若能悉心调教，为其找准一个最适当的位置，却也可以发挥出"点铁成金"之功效。

　　面对只说不做的员工，老板最好的办法就是将他们拒之门外。当然，对于老板来说，可以找出一千个不予录用他们的理由。企业的竞争是没有硝烟的残酷战争，这种打拼的过程体现在点滴工作之中，"不积跬步，无以至千里"，没有行动，一切都是空中楼阁、海市蜃楼。因此，如果一个企业中渗入了华而不实、只说不做者，就很有可能打击团队的积极性。试想，当众多的勤勤恳恳员工身边出现了只懂夸夸其谈之人，势必会让全体员工心生反感。而只说不做者往往天生好为人师，这更会激起他人的厌恶之情。

理由 35　工作时光喊口号不做实事

　　每一个员工干好本职工作不是单靠喊几句口号就能办到的。一般地，每一个员工干好本职工作与否，看看员工的精神风貌，听听其产品的市场口碑，就能了解十之八九。

——哈佛大学商学院教授　罗萨贝斯·莫斯·坎特

　　有人认为，干好本职工作就是提出几个诸如"像老板一样爱护企业"、"自动自发"之类的口号，贴在走廊、办公室和各车间的墙上加以广泛宣传，让员工皆知。

　　殊不知，干好本职工作是企业全体员工在长期的创业和发展中培育形成并共同遵守的最高目标、价值标准、基本信念及行为规范，它是企业理念形态文化、物质形态文化和制度形态文化的复合体。因此，干好本职工作是每一个员工在执行老板决策时，没有借口、积极主动地持续深入的过程，并不是喊喊口号就能做到的。

　　的确，干好本职工作是每一名合格员工的前提条件。根据工作经验和心得，业内专家慕雪林认为，要想干好本职工作，必须掌握以下三条准则。

　　第一，心中有集体。一个人在一个集体或团队中工作，必须要珍惜集体的荣誉，要时时刻刻想着集体，维护集体的利益。因为你所在的集体或团队好了，兴旺发达了，不但能共同赢得利益，而且你脸上也有光，出门腰杆也直。如果你所在的集体或团队受损了，个人利益必然也遭到损失。这就叫一荣俱荣，一损俱损。因此，只要有损集体利益的事情我们坚决不做，遇到损害集体利益的人和事，我们要坚决制止。即使自身能力有限，也要想办法通知能够解决和制止的人。

第二，脑中有工作。古人说："在其位，谋其政。"一个人在一个岗位工作，就应该尽心尽力地把工作干好。要干好工作就要学会动脑、不断创新。要养成良好的思维习惯，想问题、出主意时，要超前一点、前瞻一点。什么事情老是跟在别人后面就缺乏新意了，什么事情都要领导点破就被动了，什么事情总要"亡羊补牢"就不称职了。制订工作计划时，要新颖些、独特些。也就是既要有本单位的特点和特色，还要有时代和时效的特点，不能照搬照抄上面的，照葫芦画瓢跟别人的，老调重弹老话重提过去的。总结经验时，要简练些，生动些，要有点"语不惊人死不休"的感觉，要让人读了有一种耳目一新的感觉。做到了这一点，工作不会干不好。

第三，眼中有活儿。这里先讲一个小故事。很早以前，三个人到一个财主家应聘管家。财主只是简单地问了几句话，就让他们走了。当他们走到门口时，看到一把扫帚倒在那里，第一个一步跨了过去，第二个人犹豫了一下，用脚把扫帚扯到一旁，然后走了过去。而第三个人则是把扫帚扶了起来，然后规规矩矩地放在墙角。最后第三个人做了管家。因为，扫帚是财主故意放在那里的。讲到这里，就涉及细节决定成败的问题。它告诉我们，任何工作都要从小事做起，从细节做起。在日常工作中，大家基本都在做平平常常、普普通通的事情，但有的人干得好提升了，有的人则被淘汰了。这里除了个人能力差别以外，更多的是你眼中有没有活儿，能不能主动地想工作、能不能踏踏实实干工作的问题。

当然，每一个员工干好本职工作需要持久的过程。很多员工刚到一个企业刚开始还能兢兢业业，过一段时间就开始放任自流。之所以会产生这种结果，主要原因是他们缺乏干好本职工作的意识，他们没有把干好本职工作的理念化为一种自觉的执行力，从而极其糟糕地表现在企业方方面面的工作中。在这里，我们来看看益朗司特公司员工黄斯雅对"干好本职工作"的看法。

我是一名刚刚走上工作岗位的青年，我非常感谢领导给我这样的机会，而且我也非常地荣幸来到益朗司特这个大家庭，这个大家庭有慈祥严厉的父母，有可爱的兄弟姐妹，我非常喜欢这个大家庭，我认为只有干好本职工作，才是对企业的最好回报。

忠诚是干好本职工作的首要条件，忠诚对一个企业来讲是生存和发展的无价之宝。那些忠诚于自己的生活，忠诚于自己的事业的人都是值得我们信任和尊重的人，我要做这样的人，干好本职工作，积极地为单位献计献策，尽心尽力做好每一件力所能及的事。

干好本职工作的第二个条件是能力，能力就是要有过硬的业务本领，刚刚走上工作岗位，一切都在熟悉和摸索的阶段，认真、虚心地向师傅学习是工作走向正轨的必然之路。此外就是自己的努力和用心的摸索，如果只是了解表面的肤浅的东西，而没有深入的钻研，也不会练就过硬的业务本领的，就像以前我在龙南医院当实习护士时，刚开始只是看到别人如何打针、换药、发药，自己觉得真简单，等到自己做时才发现，任何事情都不是那么容易，但是当你熟悉了以后，才发现熟能生巧这个道理。我相信，我自己一定行。

干好本职工作的第三个条件是团结，团结力量大，一个人即使本领再大，也少不了别人的帮助，一个企业只有有了凝聚力、向心力，才能做强做大。这就需要每个人都有一份爱企业、爱他人的博大胸怀，抛开心中只有自我的狭隘之心，敞开心扉，团结周围的同事，谁有困难，伸出援助之手，这样才能干好本职工作。

　　干好本职工作的第四个条件是奉献，凡是把工作做得非常棒的人都具有奉献精神，那么怎样做才算是奉献精神呢？我认为敬业是奉献的基础，乐业是奉献的前提，勤业是奉献的根本，只要做到了敬业、乐业、勤业，也就做到了奉献。

　　以上是我对铁总回复的一点体会，我相信自己一定会把本职工作做精、做好、做透。

　　因此，让每一个员工干好本职工作不是一朝一夕的事，是与公司的企业文化中"百年树人"大计一脉相传的。在塑造干好本职工作的企业文化建设中，要杜绝急功近利的做法，企业应将其干好本职工作的理念持之以恒地贯彻到生产经营活动等各项工作之中。

　　当然，这并不是说干好本职工作的理念应该一成不变，相反，干好本职工作的理念也需要创新。要用发展的眼光看待干好本职工作的理念，改变与现代市场经济发展要求不相适应或相抵触的方面，重视通过文化变革来促进干好本职工作的理念更加健康地发展和完善。

　　对此，哈佛大学商学院罗萨贝斯·莫斯·坎特教授在接受英国《金融时报》采访时谈道："的确，每一个员工干好本职工作不是单靠喊几句口号就能办到的。一般地，每一个员工干好本职工作与否，看看员工的精神风貌，听听其产品的市场口碑，就能了解十之八九。"

理由 36　从不把工作落到实处

没有落实，或落实不到位，再好的决策也只能在文案中沉睡，再宏伟的蓝图也只能是海市蜃楼，可望而不可即。

——微软公司的首席执行官　史蒂夫·鲍尔默

在很多场合，老板都告诫过员工，工作要做到位，否则，早晚会被老板辞退。

的确，在日益激烈的市场竞争中，老板越来越青睐落实型员工，落实变得越来越重要。对此，微软公司的首席执行官史蒂夫·鲍尔默在接受《华尔街日报》采访时建议："如果想在激烈的职场竞争中脱颖而出，想拥有美好的未来，那么就需要落实。没有落实，或落实不到位，再好的决策也只能在文案中沉睡，再宏伟的蓝图也只能是海市蜃楼，可望而不可即。没有落实，或落实不到位，一切都是空谈。"

从鲍尔默的建议中，我们看到，员工只有将战略落到实处，这样的员工才是好员工，他才有可能成为老板重用之人。

W先生是某国营机械公司新上任的人力资源部部长，一次在外参加研讨会听其他人员都在谈培训的必要性。

W先生回到公司后兴致勃勃地向公司提出了一份进行全员培训的计划书,以提升人力资源部的新面貌。上自总经理,下至一线生产员工,进行为期一个星期的脱产计算机培训。

为此,W先生向公司申请培训费用每人200元,参加计算机培训班学习,使用最新的计算机培训教材。从Word、Excel到Powerpoint,涉及办公自动化的几乎所有内容。该公司总经理也很开明,也知道培训的重要性,很快就批准了全员培训计划。

培训的效果怎样呢?据说是除了办公室的几名人员和十来名老员工掌握并认为有所用途,其他人员不是感觉收获不大,就是无处可用。

十几万元的培训费用只是买来了一时的"轰动效应"。员工们认为此次和以前的培训没有什么差别,都是盲目的培训,缺乏系统性,甚至有小道消息传播此次培训是W先生想做给领导看的"政绩工程",是在花单位的钱往自己脸上贴金呢!

而W先生对于类似的评论感到非常委屈:在一个有着传统意识的老国企给员工输入一些新鲜血液、灌输新的知识怎么会没有效果呢?

W先生百思不得其解:"不应该呀,在当今这个环境,每人学点计算机知识应该是很有用的呀。"

在现实生活中,一些类似的"剧情"还在上演。我们应该认识到"轰轰烈烈"是不够的,培训是一项提高全员素质、团队精神的实务工作,而不应该是"花架子"、"走过场",甚至成为倡导者的"政绩工程"。那么为什么会出现这样的情况呢?其实,就是没有把培训落实到位,没有细分培训的内容。在一个企业中,不同的工种、不同年龄、不同学历的工人,其培训的内容是不一样的,不能一刀切。

一个人能否落实他的职业规划会决定他在未来的日子里能否取得成功,一个团队能否落实它的发展计划决定它的兴衰废立。是否拥有一个具有强大执行力的团队关系到一个公司、一个企业能否形成卓有成效的凝聚力和向心力，从而在市场竞争中站稳脚跟。在这里，我们从一个真实的案例开始谈起。

提起杨丽，大家无不惊叹于她创造的升迁神话。高职毕业之后，在本科生云集、研究生成群的大公司从前台接待做起，然后就以火箭般的速度，在3年内登上了部门经理的宝座。是突来的神力炼就了过人的聪慧，还是侥幸的好运，大家众说纷纭。但我知道，从前台到经理，她一直是公司里"最傻"的员工。

杨丽毕业那年，就业形势已经严峻到连大学生都人人自危的程度。在撒下了几十份求职信后，好不容易有一家公司有了回应，可是当杨丽兴冲冲地去面试的时候，却发现已经有40多人揣着本科学历和各种证书聚集在公司门前，竞争几乎激烈到了短兵相接的地步。闯过了初试和面试，杨丽进入了最后一轮考察：在人力资源部实习3天。部长留给了杨丽一个任务，将公司去年的部分文件整理归类并在微机里建档保存。

然而，就在杨丽忙碌了一天之后，下班前传来了坏消息，总公司紧急通知暂停招聘新员工。"这不是耍我们吗！"参加实习的其他学生纷纷跑到部长办公室表示不满。直到下班前，焦头烂额的部长才送走了最后一个愤愤不平的学生，回到办公室，却发现杨丽还在成堆的文件里忙碌着。

部长很客气地说："真不好意思，白让你忙活了一天。没办法，这是总公司临时的决定……下班了，快回家吧，你明天就不用来了。"

杨丽站起身来，说："没什么，只是这些文件我都整理了一半了，如果换成别人又要从头开始。活儿没干完心里不踏实，我明天再来，一个上午就足够了。"

同学们都说杨丽傻，与其给人家白白出力，还不如抓紧时间找别的工作。杨丽只是微微一笑，第二天中午离开的时候，留下的是一排排装订好的文件夹和一间整洁的档案室。

两个月后，求职屡屡碰壁，只能在小店打零工的杨丽接到了一个电话，是那位部长打来的，说现在公司有职位邀请她前去应聘。原来，部长在向公司经理汇报招聘情况的时候，特别提到了杨丽的表现。经理对这个"最傻的求职者"印象很深，指示部长留下了她的联系方式。当公司完成调整、重新招聘员工的时候，部长第一个电话就打给了杨丽。就这样，在同学羡慕的目光里，杨丽重新迈入了这家公司的大门。

初入公司，学历最低又没有经验的杨丽被安排去做前台接待。在大家眼里，这是公司里最"垃圾"的岗位，平时接听电话，做个来客登记，从来没人干到两年以上，选择这样的职位，毫无前途可言。

杨丽毫无怨言，微笑着去迎接自己的第一份工作，用她的话说："前途不是选出来的，而是做出来的。"上班第一天，她就换掉了那本破破烂烂的登记簿，扯下了脏兮兮的部门电话联系表，取而代之的是16开的大本，封面是自己打印的公司简介，至于联系电话，她连续几个晚上熬到11点也就熟记在心了。有人不理解，说花上10秒钟查查通讯录不就知道了，何必犯傻去死记硬背。杨丽说自己的工作就要"问不倒，答得快"，不光是电话和房间号，有关公司的一切都要心中有数。

一次，几个新加坡客户来洽谈合作，杨丽安排他们在大厅稍等。客户们坐在一起，谈到对这个新合作伙伴的业绩不太了解，杨丽主动走上前去很有礼貌地说："如果可以的话，占用各位一点时间，我可以简单介绍一下。"

在众人惊讶的目光中，杨丽把公司近几年的销售业绩、市场份额、运行情况说得有条有理。等到销售经理来迎接的时候，客户们赞不绝口："你们公司了不得，一个普通员工对自己公司的业绩都能脱口而出，这是多么强烈的责任心和自豪感啊！我们对这样的企业很有信心……"

事后，经理问杨丽怎么记住那一长串数字的，杨丽回答："公司年会和每次的例会，我把各个部门的情况做了详细的记录。"经理不由得对她刮目相看。

很快，这个热情而细心的前台成了公司一道亮丽的风景。其实，杨丽的做法当初被很多同事嘲笑为傻帽，比如，为了保证电话铃响三声就接通，杨丽从来不带杯子到公司，最大程度减少上厕所的次数，大家说公司不是上甘岭，而杨丽相信，每一个未知的来电都可能是一个潜在的客户，也许百万元生意就开始于一次及时而热情的接听；再比如，午餐之后杨丽总要把大厅打扫一遍，有人说别傻了，公司付钱给物业公司了，杨丽说："物业公司的清扫时间比公司下午上班晚半个小时，中午时间进出的员工很多，地板上满是脚印，如果来了客户，肯定会影响人家对公司的第一印象。"

老天不负有心人，一年之后，优秀员工的称号和额外奖金破天荒第一次落在了杨丽这个"最傻"的前台接待员头上。

公司规定，每到年末，员工们都要写一份年终述职报告，将自己全年的工作形成书面总结，既要总结经验，也要制订目标、提出建议。公司里近千名员工都把这个举动讽刺为最大的形式主义。所以，当杨丽开始一个字一个字地敲键盘的时候，老员工们说："别傻了，从网上下个改改就得了。上千份报告摞起来比总经理的个子还高，总经理会看？笑话，最后肯定卖了废纸。"

杨丽没有理会，因为她工作了一年，确实有很多感受，也想借此机会提出建议和设想。以前杨丽的建议最多走到部门主管那里就石沉大海了，而以她的职位和身份，想要见到总经理当面陈述，只能是一种奢望。杨丽有一种冲动，一定要借这次机会把自己对公司现状的看法和今后发展的建议详细而完整地表达出来，她认为没有什么比一份图文并茂的报告更好的了。

于是，杨丽每天晚上回到家，饭后第一件事就是冲到电脑前准备材料，绘制图表。一周之后，一本像时尚杂志般的年终总结送到了公司办公室。彩色封面上是公司的标志和宗旨，扉页上有目录和提要。正文分为3个部分，分别是我的工作、我的看法和我的建议。每一部分都有详细的数据和直观的图表，还用漫画形式展示了公司存在的不良作风和浪费现象，最后是态度诚恳的建议和充满激情的设想。

接下来的几天里，公司的每个员工都在谈论这份不可思议的年终总结，都说真没想到年终总结也能这样写，杨丽一下子成了公司的热门话题。又过了3天，总经理把杨丽喊到办公室，说：“无论是你第一次来应聘，还是这次写总结，都给我留下了深刻的印象。报告我看了4遍，你看问题很准，思路也很清晰，设想很有创意，但我更欣赏你对公司、对工作的那份责任感，你也许需要一个更合适的岗位，好好干吧。”

就这样，这个公司里最傻的员工，走上了职业生涯的高速公路。

（案例来源：世界经理人论坛网，作者：佚名）

在人们的意识中，优秀员工的称号和额外奖金是不会给一个在前台工作的员工的，然而，在本案例中，杨丽却做到了，究其原因就是因为杨丽总是坚持把工作落到实处的精神，使得杨丽的工作非常出色，正是因为把工作落到实处的精神赢得了总经理的认可，从而也为自己赢得了一个光明的未来。

的确，“落实、落实、再落实”，已成为优秀员工工作的重中之重。之所以一再强调落实问题，其根本原因就在于各项规定、措施、制度一旦真正到位，就会避免事故，保证安全。

众所周知，工作重在落实，因为不落实本身就是最大的安全隐患。俗话说，聪明的人用别人的鲜血为自己做教训，愚蠢的人用自己的鲜血换取教训。

2004年2月15日中午11时25分，位于吉林市解放大路与长春路交会处的中百商厦发生特大火灾。吉林市公安消防指挥中心接到报警后，立即调集消防官兵赶赴现场扑救。

2004年2月15日13时45分，火势得到初步控制。

2004年2月15日15时30分，大火被扑灭。在扑救火灾的同时，消防人员通过三部云梯和消防拉梯对二楼、三楼、四楼被困人员进行紧急搜救，截至16时30分，共救出120人，受伤的71人被马上送往各大医院。这次大火造成54人死亡、70人受伤，直接经济损失400余万元。

经调查认定，导致事故发生的直接原因是：中百商厦"伟业电器"员工于洪新将点燃的香烟掉落在库房中，引燃地面纸屑、纸板等可燃物发生火灾。导致事故发生的主要原因，是中百商厦没有严格落实《消防法》关于消防安全责任制的有关规定；制订的火灾应急疏散预案没有落实且未组织过演练；违章将商厦北墙外的自行车棚改建为简易仓库后，没有落实消防部门下达的限期整改通知要求；经营管理混乱，超范围租赁经营舞厅项目，忽视对该舞厅的消防安全监督管理；火灾发生后，安全保卫人员没有组织三楼和四楼人员疏散，有关人员没有及时报警。吉林市商业委员会对中百商厦管理不力，对商厦在消防安全管理和企业经营管理上存在的问题失察。吉林市消防、工商、城市管理等有关职能部门没有切实履行职责，对中百商厦存在的火灾隐患、经营管理混乱等问题没有严格督促落实整改。吉林市人民政府有关领导对安全生产责任制落实情况监督检查不力。

吉林市委副书记、市长刚占标作为安全生产工作第一责任人，对事故发生负有重要领导责任。刚占标提出引咎辞去吉林市市长职务，同时辞去吉林市委副书记、常委、委员职务。吉林省委同意刚占标的辞职请求。吉林市十三届人大常委会第十二次会议已审议同意刚占标辞去吉林市市长职务。根据事故调查结果，依据《中国共产党纪律处分条例》、《国家公务员暂行条例》、国务院《关于特大安全事故行政责任追究的规定》和《吉林省重大安全事故行政责任追究办法》，吉林省委、省政府决定，对相关责任人进行严肃处理：吉林市副市长蔡玉和对事故发生负有重要领导责任，给予党内警告和行政记大过处分；吉林市商业委员会主任、党委书记刘文彬对事故发生负有重要领导责任，给予党内严重警告和行政降级处分；吉林市商业委员会副主任、党委常委杨开宝对事故发生负有主要领导责任，给予撤销党内职务和行政撤职处分。

2004年7月10日上午，吉林市船营区人民法院对吉林市"2·15"特大火灾案7名被告人作出一审判决。被告人于洪新犯失火罪，被判处有期徒刑7年；被告人刘文建、赵平、马春平犯消防责任事故罪，分别被判处有期徒刑6年、5年和4年；被告人陈忠、曹明君犯重大责任事故罪，分别被判处有期徒刑3年6个月和3年；被告人李爱民犯重大责任事故罪，但鉴于其犯罪情节轻微，依法免予刑事处罚。

事实上，如果中百商厦真正地将防火工作做到位，那么中百商厦的火灾将避免破产。因此，落实是解决问题的症结所在，是完成任务的根本保证。工作不到位，等于没工作；落实不到位，不如不落实。结果导向赢在执行，执行重在到位。解决问题才是关键，关键在于落实。

2009年4月6日晚9点，值班经理A接到客房中心的电话，告知六楼有紧急事情要A前去处理。当A以最快速度赶到六楼时，看到603、604、605等几个房间的客人进进出出，江副市长、市旅游局局长和市接待处工作人员都在场。

楼层领班简单地向 A 说了事情经过：××电视台一行今天预订了 6 楼的几间客房，但当他们一行进房时，603、605 标间却变成了大床间（预订的是两个单人床的标间）。客人和接待处对这样的情况意见较大，要求立即改成标间，并作出解释。

听完事情经过后，A 当即向有关人员道歉，立即安排服务员以最快速度将 603 和 605 改成标间。

完成后，A 再次向××电视台负责人道歉。

事后，A 向酒店领导汇报此事，将主动查明原因，并表示以后不再出现类似情况。

经过当天调查，造成这一错误的经过是这样的：2009 年 4 月 6 日早上，前厅部下了内部通知，通知客房在 2009 年 4 月 7 日中午 12 点前将 603 和 605 改造成大床间，客房中心将事情告诉楼层当值主管，当值主管考虑第二天客情较旺，人手不够，于是当天就将 603 和 605 改成了大床间，但改好后，没通知前厅。

另外，总台于当日上午将××电视台一行当晚入住 603 和 605 通知了客房中心，中心服务员没及时将该情况告知当值主管，致使主管过早地将这两个房间改成大床间，最后造成这一失误。

本案例其实就是典型的因信息传达不到位，工作安排不合理，造成严重失误，其主要错误有两点：一是主管将标间提前一天改为大床后没通知总台，自己也没了解清这两间房当晚是否有人入住；二是中心服务员接到××电视台一行当晚入住这两间房的通知后，没有及时通知当值主管。

当然，这个案例警示我们每一个员工，客房作为一个直接对客服务部门，工作应该考虑周到、安排周全，保证每位客人住店愉快，更应加强重要客人的接待安排，这对星级酒店的声誉影响很大。因此，一项工作要落到实处，一般离不开以下几个步骤：计划→组织实施→检查→总结与反思→实施→完成。

第一步：计划。业内专家主张：每一件事情都需要计划。5W2H 是进行计划的一个很好的方法，我们应当学会运用。在计划一项工作时，我们也可以从以下几方面进行思考，即目标、措施、方法、步骤。计划的第一步便是确定目标，即这件事我要达到什么程度，什么时间完成。如果这件事较大，我们也可以将其分解成几个小目标或阶段性目标。确定目标之后，我们应当确定达到目标的途径，即我们靠什么来实现目标。因此，我们需要制定措施、方法与步骤，这是达成目标的前提。

第二步：组织实施。只有去实施工作才有可能完成，实施是实现目标的保证。因此，我们不能总是停留在想的阶段。

第三步：检查。在工作实施的过程中要注重检查，通过检查来发现工作中存在的问题与不足，以便及时消除工作中存在的问题，确保工作按计划实施到位。

第四步：总结与反思。通过实施与检查，我们可以发现工作中的问题与不足，通过对问题的分析、总结，找出问题的根源，对目标进行校正，对措施、方法与步骤进行改进。这一环节能保证我们在实施过程中少犯错误，少走弯路，保证措施与方法的有效性。

通过总结与反思，我们克服工作中的问题，继续实施、检查、总结这一循环，直至目标实现，工作任务完成。

理由 37　缺乏时间观念

一个人如果不能有效利用有限的时间，就会被时间俘虏，成为时间的弱者。一旦在时间面前成为弱者，他将永远是一个弱者。因为放弃时间的人，同样也会被时间放弃。

——戴尔电脑公司创始人　迈克尔·戴尔

一般人缺乏时间管理的习惯和观念：他们每一天都在浪费时间，他们不知道什么对他们来讲才是最有生产力的事情。

我们看到很多工作业绩不好的业务员，他们工作的习惯是大概上午9：00出门，9：30 到办公室，然后整理资料到 10：00，喝一杯咖啡到10：30，跟朋友再聊一下天，11：00 的时候打电话，打的时候通常顾客不在。11：30 的时候要准备吃饭。到了下午，觉得太累，睡个午觉，之后觉得反正明天再拜访也无所谓，就结束了一天的工作。发工资的时候就开始奇怪了为什么收入这么少，为什么业绩不提升，他们还在研究其中的原因。他们的时间都花在休息、在聊天，从来没有好好地工作，也没有好好地玩过，当他们工作的时候他们就想着玩，当他们玩的时候，就想到工作，内心总有一种内疚感。这样的习惯是没有办法成功的。

李琳受聘于北京华夏圣文管理咨询公司，她平均每年要负责处理130个项目，而且李琳的大部分时间都是在飞机上度过的。李琳认为和客户保持良好的关系非常重要，所以，在飞机上李琳就给她的客户们写邮件。

李琳说："我已经习惯如此了，这有什么坏处呢？"

一位等候提行李的旅客对李琳说："在近3个小时里，我注意到你一直在写邮件，你一定会得到老板重用的。"

李琳则笑着说："我早已是华夏圣文管理咨询公司的副总了。"

时间管理不仅能够为公司营造一种良好的有序氛围，而且还能够促进公司的基业长青。在很多公司中，同样的工作时间，同样的工作量，为什么你总不能像别人那样在第一时间完成？业内专家认为，人们每天花在处理一些没有必要处理的事情上的时间太多，数量说起来实在相当惊人。他们还把这些吞噬你时间的琐碎事情列举出来：

- 打太多的电话；
- 上班时间吃早餐；
- 上班时间谈论私人事件；
- 花太多的时间计较细枝末节；
- 所读的东西没有任何信息，也没有任何启发；
- 在应该着手进行下一项工作的时候，却往往停下来对别人解释自己为什么要做这些事情；
- 把上班时间拿来做白日梦；
- 在不重要或不值得做的事情上，投注宝贵的时间和精力；
- 拜访太多的朋友，且拜访时间太久。

尽管对任何人来说，时间的价值非比寻常，它与人生的发展和成功关系非常密切。然而，时间似乎总是人们最容易浪费掉的东西。可以这样说，大千世界中，没有什么东西比时间更容易被虚度。

王璐璐是利用时间的楷模，她从来不浪费一秒钟的时间。只要时间允许，她就一定会拼命工作。所有知道她的人都说："看，王璐璐真是太会珍惜时间了！"人们都知道，为了能成为一名建筑师，她拼命地想要抓住每一秒钟的时间。

每天，王璐璐把大量的时间用在设计和研究上，除此之外她还负责很多方面的事务，每个人都知道王璐璐是个大忙人。王璐璐风尘仆仆地从一个地方赶到另一个地方，因为她太负责了，以至于不放心任何人，每一个工作都要自己亲自参与了才放心。时间长了，她自己也感觉很累。

其实，在王璐璐的时间里，有很大一部分时间都浪费在管其他乱七八糟的事情上。无形中，王璐璐增加了自己的工作量。

有人问她："为什么你的时间总是显得不够用呢？"王璐璐笑着说："因为我要管的事情太多了！"

后来，一位学者见王璐璐整天忙得晕头转向的，但仍然没有取得令人骄傲的成绩，便语重心长地对她说："人，大可不必那样忙！"

"人，大可不必那样忙！"这句话给了王璐璐很大的启发，就在她听到这句话的一瞬间她醒悟了。王璐璐发现自己虽然整天都在忙，但所做的真正有价值的事实在是太少了，这样做对实现自己的目标不但没有帮助，反而限制了自己的发展。

事实证明，要提高公司的竞争能力就必须加强公司的时间管理，在很多的公司中，上述的理由对于我们来说并不陌生，说不定可以给这个清单再添加点别的事项，说明自己工作时是如何浪费时间的。如果是这样，员工已浪费了很多时间。要想做一个成功的职业人才，必须解决浪费时间的问题。每个人的时间都掌握在自己手上，全天下除了你自己之外，没有人能够为你解决浪费时间的问题。在这里，你若想铲除浪费时间的根源，就要把你时间里头的"枝芽"摘除掉，把养分——精力和注意力灌溉给会结出果实的主干，只有这样，才能提高员工的工作效率，享受成功的果实。

成功企业家在杜绝时间浪费行为习惯后，是如何最大限度地有效运用时间，抓紧时间并掌控的呢？实际上，成功者管理时间、利用时间的方式，并没有什么了不起的诀窍。他们只不过做到了下面三条而已。

凡在工作中表现出色，得到老板赏识的员工，都有一个促使他们取得成功的好习惯：变"闲暇"为"不闲"，也就是抓住工作时间的分分秒秒，不图清闲，不贪暂时的安逸。

高效利用时间是有效执行的一个具体表现。也是一个合格员工的前提条件。时间是由秒积成分的，用"分"计算时间的人，比用"时"来计算时间的人，时间多 59 倍。所以，善于利用零星时间的员工，总会做出更大的成绩来。

有效的时间管理不仅能够促进目标任务的完成，而且还能够影响公司的整体发展规划。大多数重大目标无法完成的主要原因，就是因为员工把大多数时间都花在次要的事情上。所以，员工必须学会根据自己的核心价值，排定日常工作的优先顺序，建立起优先顺序，然后坚守这个原则，并把这些事项安排到自己的例行工作中。这里，我们介绍一下时间四象工作法（见下图）。

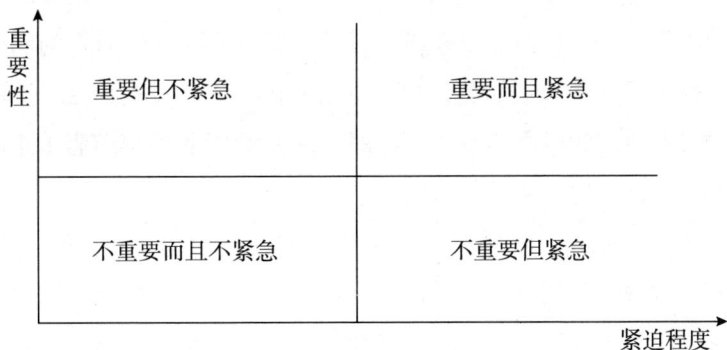

时间四象工作法

从上图中我们可以知道：

第一，重要而且紧急的，非尽快完成不可的，如方案的制订。

第二，重要但不紧急的。虽然没有设定期限，但早点完成，可以减轻工作负担，增加工作表现，如工作的长远规划。

第三，不重要但紧急的。

第四，既不重要又不紧急的，如"鸡毛蒜皮"的小事。

"分清轻重缓急，设计优先顺序"，是时间管理的精髓。成功企业家都是以分清主次的办法来统筹时间的，把时间用在最具有"生产力"的地方。

对最具价值的工作投入充分的时间，否则永远都不会感到安心，一直觉得陷于一场无止境的赛跑里头，永远也赢不了。

业内专家认为，要"善于抓住点点滴滴的时间进行工作，工作中有计划、有重点、高效率"。当公司的每一个员工善于抓住点点滴滴的时间进行工作的时候，还应懂得，凡事都有轻重缓急，重要性最高的事情，应该先处理，不应该和重要性最低的事情混为一谈。

在这个速度决定一切，"快鱼吃慢鱼"的市场环境中，时间管理就显得非常重要。时间是一朵长在人们心中的百合。为了督促自己高效工作，不让"时间百合"枯萎，可以在工作开始之前，审慎地制定工作进度表。

"凡事预则立"。如果能制订一个高明的工作进度表，一定能真正掌握时间，在限期之内出色地完成老板交付的工作，并在尽到职责的同时，兼顾效率、经济及和谐。正如英特尔董事长安德鲁·格罗夫所说："你应该在一天中最有效的时间之前订一个计划，仅仅 20 分钟就能节省 1 个小时的工作时间，牢记一些必须做的事情。"

谁善于利用时间，谁的时间就会成为"超值时间"。作为一名员工，当你能够高效率地利用时间的时候，你对时间就会获得全新的认识，知道 1 秒钟的价值，算出 1 分钟时间究竟能做多少事。这时，若再担心不被老板赏识，就是杞人忧天了。

理由 38 不愿从基层做起

> 年轻人只有沉得下来才能成就大事。无论你多么优秀，到了一个新的领域或新的企业，都要从基本的岗位做起，了解情况。让我们去掉身上的那些浮躁，多一些务实精神吧，记住万丈高楼平地起，如果没有坚实的基础，谁又能保证它就不是空中楼阁呢？
>
> ——创维集团人力资源总监　王大松

在一次企业家论坛上，许多老板反映，现在的求职者大都做事眼高手低，知识脱离实际，不愿从基层做起，缺乏吃苦耐劳精神，人际沟通能力差，比较自私。因此，他们特别不愿意招收不愿从基层做起的员工，更不愿意提拔那些拒绝从基层做起的员工。

一提到基层工作，从基层干起，这样的工作路径，很多人都不喜欢。他们认为，大学毕业后当个经理还很委屈，起码也得世界 500 强的 CEO。这是目前中国大学生的一种非常普遍的现象。

当然，让职场人士从基层做起，很多人还存在着误区。在他们的印象中，基层是社会的最底层，在基层工作永远都是默默无闻，没有出人头地之时。

事实上，这是人们对基层工作的不了解，或者说是一种偏见。反观世界 500 强企业的 CEO，他们都强调从内部培养，只有一小部分世界 500 强企业才从外面空降 CEO。在这样的背景下来分析基层工作，基层是一种就业的导向，一种象征。

当然，对于那些即将毕业的大学生来说，无论做什么工作，干什么事业，在什么部门，都有一个从基层干起的过程。

当然，让大学生从基层做起可能让他们接受不了，因为对于中国的大学生来说，在中国的传统认识中，大学生都被认为是中国当今社会的精英，大学生每到一个地方，都被认为是国家之栋梁，是不可多得的资源，以至于很多大学生在接受媒体采访时表示，他们都认为自己的职业生涯应该是大学毕业只能往上走，不能往下走，这个"下"就是基层，到基层工作、从基层干起总有一种贬值的感觉。

当然，中国大学生的这种病态的择业、就业心态造成很多大学生在毕业后迟迟不能就业，甚至在很长的时间内都找不到工作。一旦他们长时间找不到工作，与他们先前的理想产生天壤之别后，他们往往会怨天尤人，抱怨社会对他们不公。

其实，他们从不反思自己为什么找不到工作，而是过分地抱怨社会。当然，随着高等教育的普及，越来越多的人接受了高等教育，这些人正在成为社会新增劳动力的重要组成部分，这意味着更多的大学生将成为普通劳动者——素质较高的普通劳动者。

在中国这样的大环境下，与此相适应的是，大学生毕业后应该清晰地知道，从基层干起也并不是坏事情。俗话说，观念一变天地宽。大学毕业生不妨梳理一下自己的思绪，调整择业观念，坦诚面对现实，放弃那些不合乎实际的想法。

当然，对于任何一个职场人士来说，不管哪个企业，也不管哪个行业，从事管理和领导工作的只能是一小部分人，大多数的人都是从事基础性的工作。在许多人眼里，领导是高高在上的，而他们忘了领导也大都是从基层走上去的。

工作都是阶梯性的，首先是经验积累，然后才能提升，如果没有基础积累，即使给你很高职位，你肯定也做不好。只有把基础性的工作做好，把自己的本职工作做好，积累起足够的经验，创造出优秀的业绩，才有可能获得上升的机会。因此，老老实实地从基层干起、干好，一样会有成长的空间。

有一个人，因为没有谋生的手段，他每天只能靠在城里乞讨度日，生活十分困窘。

刚好在此时，有个马医因为活儿太多，忙不过来，需要找一个帮手。这个乞丐便主动找上门去，请求在马厩里给马医打打杂，以此换取一日三餐。

这样一来，他再也不用沿街乞讨，晚上也不必漂泊流浪了。安全的生活使他的日子变得充实起来，他干活也格外卖力，并有心成为一个马医。

可是，有人却在他身边取笑他说："马医本来就是一个被人瞧不起的职业，而你不过是为了混口饭吃，就去给马医打杂、当下手，这不是你的莫大的耻辱吗？"

这个昔日的乞丐平静地回答："依我看，天下最大的耻辱莫过于做寄生虫，靠乞讨度日。过去，我为了活命，连讨饭都不感到羞耻；如今能帮马医干活，用自己的劳动养活自己，同时还能学到东西，这又怎么能说是耻辱呢？"

在本案例中，那个昔日的乞丐给我们职场人士做了一个好的榜样，就像他说的一样："依我看，天下最大的耻辱莫过于做寄生虫，靠乞讨度日。过去，我为了活命，连讨饭都不感到羞耻；如今能帮马医干活，用自己的劳动养活自己，同时还能学到东西，这又怎么能说是耻辱呢？"

当然，上述案例只是一个传说中的故事，在今天的商界，正是因为从基层做起，才成为了今天的商界名流。在众多的案例中，郑仁绍就是一个。

　　1980 年，刚走出大学校门的郑仁绍意气风发，而统一企业又是年轻人向往的地方。

　　郑仁绍天天留意报纸上的招聘广告，终于等到统一招聘储备干部的消息。一起去应聘的大学生有上百人，郑仁绍最终如愿进入统一。

　　统一的储备干部都必须到基层实习 3 个月。郑仁绍被分配到台北的一家便利连锁店，每天就做些扫地、擦玻璃、收拾货架的事情。

　　3 个月实习期满，郑仁绍进入公司的面包事业部，每天的工作就是拜访经销商和收货款。"拜访经销商还是比较轻松的，顶多是听人发发牢骚；可是收货款就不同了，每次经销商都会想办法来刁难你。"

　　有一次，郑仁绍去拜访一位经销商。一提收货款的事情，对方的脸色马上变了，"我现在很忙，等一下再说。"说完，就忙着招呼顾客去了。

　　郑仁绍不甘心就这样离开。他就一直站在店内，帮忙推销面包产品，招呼顾客。4 个小时后，老板发现收货款的小伙子还在店里！他被郑仁绍的执著打动，招呼他进去结账。后来，这个老板跟郑仁绍成了朋友。

　　两年的时间里，与郑仁绍同期进去的大学生大多因熬不住而离开，而郑仁绍却凭一股执著劲儿留了下来。

　　凭着基层的优秀业绩和执著的干劲儿，郑仁绍的职位一路提升：区域主管、行销部负责人、部门主管……

　　2004 年 7 月，郑仁绍担任武汉统一面包烘焙有限公司总经理。

　　众所周知，没有多少人能生来就处于社会上层，更多的人都是靠从基层工作开始奋斗。如果肯吃苦、肯干，必定会有自己的一片天地。在上述案例中，郑仁绍没有把自己是大学生当做工作的资本，而是认认真真地从基层做起，终于做到武汉统一面包烘焙有限公司总经理。

在如今抱怨找不到工作的大部分人中，并不是真正地找不到工作，而是他们不愿从基层干起。他们的态度就像社会欠他们一份工作一样。他们总认为，政府或公司必须为他们的困苦负责任，许多人从不想自己奋斗一番。事实上，要想成为精英，就要到基层去锻炼、成长。古人云：天下大事，必作于细。古往今来成大事者，大多是从基层起步，从基础干起的。基层，对于渴望建功立业的人来说，是考验、是挑战，也是铸造辉煌之业的起点。

"万丈高楼平地起"的典故大家一定知道。一个人的成长、发展乃至最终取得成就，无不是从最基层做起，付出辛劳、经受磨砺的结果。从基层一步一步干起，根基扎得最牢，奋斗滋味体味最深，后发之力来得最实。这是古今中外许多成功者走过的道路。世界有名的高露洁公司创办人威廉·高格就是这样的人。

　　威廉·高格（William Colgate）是高露洁公司的创始人，公司创建于 1806 年，总资产达 93 亿美元，其赢利在家用产品这一高利润率的行业中独占鳌头。以牙膏及其他家用品为拳头产品的高露洁公司，覆盖了全球 218 个国家和地区，其中 75% 的销售额来自美国本土之外的地区。

　　然而，威廉·高格能创造这一切源于他从基层做起。威廉·高格的父母是于 1795 年自英国迁往美国的，居住在巴提摩，以制蜡烛和肥皂为生。

　　威廉·高格 12 岁时，就开始帮助父母工作，由于家境贫寒，威廉·高格一生未进过大学之门。

　　在威廉·高格 20 岁时，他决心到纽约闯天下。威廉·高格要走的那天清晨，遇见邻居老船长，老船长对他说："孩子，先让我为你祷告，再送你一点勉励，然后你就可以走了。"

　　于是两人跪在河边，老人举手为这孩子祷告，之后又非常亲切地说："请记住，第一，要做个善良的人；第二，每一块肥皂要足重，不可偷工减料，诚诚实实地去做，我确信上帝必然照顾你。论事业，必兴旺，论财富，也必使它满溢。"

后来威廉·高格在百老汇施理德肥皂厂找到一份工作，老板叫威廉·高格在办公室做助理办事员。

几天后，威廉·高格请调到工厂做工人，要从基层干起。老板大为惊讶，因为从未听说过一个青年拒绝轻松的职务，愿到又脏又苦的地方去。老板立即吩咐领班把一切都教给他。就在这里，威廉·高格学会了做肥皂的技术。

3 年后（1806 年），威廉·高格辞职了，在河澜街 6 号开设高露洁公司自制自卖，一人兼工人、外务、记账、送货。

今天高露洁公司的产品已有百余种，其中以化妆品为主，尤其是香皂及牙膏，其分厂遍设于主要工业国家如英、德、法等。

在本案例中，威廉·高格放弃了轻松的工作，主动要求从基层干起。当然，正是因为威廉·高格从基层做起，才有了今天总资产达 93 亿美元的高露洁公司。

事实上，绝大多数人只要肯从基层奋斗起，都能有一番作为。从哪儿开始是无所谓的，最要紧的是，你到底要往哪儿去。没有低贱的工作，只有卑微的工作态度，而工作态度完全取决于我们自己。一个人所做的工作，是他人生态度的表现。其实，很多知名大企业都规定，被他们录取的人无论职位高低，都要从普通员工做起。在麦当劳，有这么一则真实的故事：

2004 年 4 月 19 日，麦当劳公司董事会主席和首席执行官吉姆·坎塔卢波突然辞世后，麦当劳公司董事会随后推选时年 43 岁的现任总裁兼首席运营官查理·贝尔为麦当劳公司新任总裁兼首席执行官，他因此成为第一位非美国人的麦当劳公司掌门人，而且也是麦当劳最年轻的首席执行官。

查理·贝尔和麦当劳的渊源可以追溯到28年前。当时，年仅15岁的贝尔由于家境不富裕，在澳大利亚的一家麦当劳餐厅打工。

作为学生，查理·贝尔从没想过在那里发展，只想挣点零用钱。贝尔在麦当劳的第一份工作是打扫厕所。

虽说扫厕所的活儿又脏又累，贝尔却干得踏踏实实。查理·贝尔常常是扫完厕所，接着就擦地板；地板干净了，又去帮着翻翻烘烤中的汉堡包。

而这一切被这家麦当劳的老板——麦当劳在澳大利亚的奠基人彼得·里奇看在眼里。

没多久，里奇就说服贝尔签署了员工培训协议，把贝尔引向正规职业培训。

培训结束后，里奇又把贝尔放在店内各个岗位进行锻炼。虽然只是钟点工，但悟性出众的贝尔不辜负里奇一片苦心。经过几年锻炼，他全面掌握了麦当劳的生产、服务、管理等一系列工作。

19岁那年，贝尔被提升为澳大利亚最年轻的麦当劳店面经理。

然而不断进取的贝尔并不满足于他所取得的成绩。他27岁成为麦当劳澳大利亚公司副总裁，29岁成为麦当劳澳大利亚公司董事会成员。

查理·贝尔在任期间，麦当劳在澳大利亚的连锁店从388家增加到683家。贝尔后来被调到麦当劳美国总部，并先后担任亚太、中东和非洲地区总裁，欧洲地区总裁及麦当劳芝加哥总部负责人。

2002年年底，查理·贝尔被提升为首席运营官。在担任总裁兼首席运营官期间，贝尔负责麦当劳公司在118个国家的超过3万家麦当劳餐厅的经营和管理，并从2003年1月1日起进入董事会。

这番经历使贝尔成为麦当劳公司所崇尚的从最基层一步步晋升至公司高层的典范。贝尔在北京参加麦当劳续约奥运会全球合作伙伴的新闻发布会时说:"我从 15 岁起就在澳大利亚的餐厅兼职打工,19 岁就成为澳大利亚最年轻的餐厅经理。我能做到,你们也能做到,明天的总裁就在今天的这些明星员工中间。"

在本案例中,查理·贝尔从基层员工成为麦当劳的首席执行官,其间的关联肯定是传奇的。其实,为了考证麦当劳这样的做法,笔者还特地采访了北京几家麦当劳餐厅,结果证明的确如此。当然,作为世界 500 强企业的麦当劳,成为全球快餐业巨头,不仅要求员工从基层做起,而且其选人用人标准如此简单,这肯定会令今日的名牌大学生和正在盼望就业的人摇头,但这正说明从基层干起还是有必要的。

查理·贝尔的成功告诉我们每一个职场人士,任何事业都需要从一点一滴的基础性工作做起,都需要脚踏实地、勤勤恳恳的工作态度。基层是高校毕业生经受锻炼、发挥才智、成就事业的广阔舞台。

毋庸置疑,基层条件可能很艰苦,但艰苦的条件既能磨炼人,又能造就人。在基层社会实践的丰富经历和阅历,必将增长自身的才干和能力,必将成为人生最宝贵的财富。无数事实证明,大批在各个领域有所作为、成绩突出的骨干和精英,都有基层锻炼和工作的经历。

对此,创维集团人力资源总监王大松在接受媒体采访时发表了自己的看法:"年轻人只有沉得下来才能成就大事。无论你多么优秀,到了一个新的领域或新的企业,都要从基本的岗位做起,了解情况。让我们去掉身上的那些浮躁,多一些务实精神吧,记住万丈高楼平地起,如果没有坚实的基础,谁又能保证它就不是空中楼阁呢?"

从王大松的观点中可以知道,基层是熔炉,它炼出的肯定是好钢!

理由 39　小事情不屑做

故不积跬步，无以至千里；不积小流，无以成江海。

——荀况《劝学篇》

"要想干大事，先把小事做好、做到位！"的确，一个能把小事做好、做到位的人，将来自然能做成大事；而一个只想着做大事的人，他会忽略很多小事，因为大事是由很多小事组成的，所以，他是不会成功的。

其实，一些成功人士都对"把小事做好、做到位"看得很重。比尔·盖茨在接受《商业周刊》采访时强调："每一天，都要尽心尽力地工作，每一件小事情，都力争高效地完成。尝试着超越自己，努力做一些分外的事情，不是为了看到老板的笑脸，而是为了自身的不断进步。"

同样通用电气公司前 CEO 杰克·韦尔奇也说："一件简单的小事情，所反映出来的是一个人的责任心。工作中的一些细节，唯有那些心中装着大责任的人能够发现、能够做好。"由此可见，"先把小事做好、做到位"的确是"干大事"的重要前提！

东汉时有一少年名叫陈蕃，自命不凡，一心只想干大事业。一天，其友薛勤来访，见他独居的院内龌龊不堪，便对他说："孺子何不洒扫以待宾客？"他答道："大丈夫处世，当扫天下，安事一屋？"

薛勤当即反问道："一屋不扫，何以扫天下？"陈蕃无言以对。

陈蕃欲"扫天下"的胸怀固然不错，但错的是他没有意识到"扫天下"正是从"扫一屋"开始的，"扫天下"包含了"扫一屋"，而不"扫一屋"是断然不能实现"扫天下"的理想的。

老子云："合抱之木，生于毫末；九层之台，起于累土；千里之行，始于足下。"

荀况《劝学篇》里说："故不积跬步，无以至千里；不积小流，无以成江海。"

前苏联革命导师列宁也说过："人要成就一件大事，就得从小事做起。"

以上这些至理名言，都充分体现了做小事与干大事的哲学关系，说明了任何大事都是由小事积累而成的道理。"莫以善小而不为"，"善"再小，也只有积善才能成德。雷锋同志就是从做小事做起的最好的典范，在平凡的岗位上，默默奉献，做好身边每一件力所能及的小事。

事实上，成功就是从小事开始的！每一件小事都值得我们去做，而且应该用心地去做。小事情顺利完成，有利于你对大事情的成功把握。一步一个脚印地向上攀登，才不会轻易跌落，通过工作获得真正的力量的秘诀就蕴藏在其中。

众所周知，要做天下的大事，必须先学会做天下的小事、细事。如果不善于做细事，只想做大事，很容易使自己的信心受挫，还会缺乏根基。很多人容易好高骛远，不屑于做日常工作中的琐事。其实领导考察你，正是从小事开始的，所以无论领导交给你的事多么零散，或者根本不是你分内的事，你都要及时地、充满热情地处理好，即使领导不再追问，也不可不了了之，一定要给领导一个答复。只有逐渐得到领导的信任和肯定，才会有"做大事"的希望。从小事做起，不以事小而不为。美国前国务卿鲍威尔就是一个很好的例子。

　　当初进公司的时候，由于鲍威尔是一个黑人，他只有一件事情可以做——搞清洁。

　　就是这样一份不被大家所看重的工作，鲍威尔却做得有板有眼。鲍威尔在工作中总结经验，很快就找到一种拖地板的姿势，可以把地板拖得又快又好，而且工作起来还不是很累。

　　鲍威尔的表现被细心的老板看到了，通过一段时间的观察之后，老板断定鲍威尔是一个人才，于是破格提升了鲍威尔。

　　很多年后，当鲍威尔写回忆录的时候，他还记得自己所积累的第一个人生经验：认真做好每一件小事。

鲍威尔之所以能成为美国国务卿，当然离不开他认真的工作态度，就像鲍威尔在回忆录中说的那样："认真做好每一件小事。"

鲍威尔的职场路径给予我们每一个职场人士的启示是：由于鲍威尔自己不断地努力，重视身边的每一件小事，对每一件小事都赋予百分之百的工作激情，鲍威尔才由一个清洁工成长为美国国务卿。

其实，对于目前浮躁的中国员工来说，他们都渴望发现自己的价值、渴望成功，但却总是在苦思冥想，而不是从简单的小事做起，这样就失去了很多展示自己价值的机会和走向成功的契机。

从鲍威尔的案例中，我们可以看到，鲍威尔从不忌讳说自己是在做一些小事情，恰恰相反，他乐意做一些小事情。因为鲍威尔知道，成功就是从小事开始的，志当存高远。一个人要成就一番大的事业，必须要有鸿鹄之志。这样，可以飞得更高、更远。但是一定要知道，在飞天之前必须要打好飞翔的基础。我们只有在平时注意积累，才可以在以后的日子里飞得稳健。

　　汤姆·布兰德起初只是美国福特汽车公司一个制造厂的杂工，他就是在做好每一件小事中获得了极大的成长，最后成为福特公司最年轻的总领班。

在有"汽车王国"之称的福特公司里，汤姆·布兰德 32 岁就升上总领班的职位，的确不是一件太简单的事。

汤姆·布兰德是怎么升起来的呢？

汤姆·布兰德是在 20 岁时进入工厂的。一开始工作，汤姆·布兰德就对工厂的生产情形做了一次全盘的了解。

汤姆·布兰德知道，一部汽车由零件到装配出厂，大约要经过 13 个部门的合作，而每一个部门的工作性质都不相同。

汤姆·布兰德当时就想：既然自己要在汽车制造这一行做点儿事情，必须要对汽车的全部制造过程都有深刻的了解。

于是，汤姆·布兰德主动要求从最基层的杂工做起。杂工不属于正式工人，也没有固定的工作场所，哪里有零星工作就要到哪里去。汤姆通过这项工作，与工厂的各部门都有接触，对各部门的工作性质也有了初步的了解。

在当了一年半的杂工之后，汤姆·布兰德申请调到汽车椅垫部工作。

不久，汤姆·布兰德就把制椅垫的手艺学会了。后来又申请调到点焊部、车身部、喷漆部、车床部去工作。

不到 5 年的时间，汤姆·布兰德几乎把这个厂各部门的工作都做过了。

最后汤姆·布兰德决定申请到装配线上去工作。

汤姆·布兰德的父亲对儿子的举动十分不解，他质问汤姆·布兰德："你工作已经 5 年了，总是做些焊接、刷漆、制造零件的小事，恐怕会耽误前途吧？"

"爸爸，你不明白。"汤姆·布兰德笑着说，"我并不急于当某一部门的小工头。我以整个工厂为工作的目标，所以必须花点时间了解整个工作流程。我是把现有的时间做最有价值的利用。我要学的，不仅仅是一个汽车椅垫如何做，而是整辆汽车是如何制造的。"

当汤姆·布兰德确认自己已经具备管理者的素质时，他决定在装配线上崭露头角。汤姆·布兰德在其他部门干过，懂得各种零件的制造情形，也能分辨零件的优劣，这为汤姆·布兰德的装配工作增加了不少便利。没有多久，汤姆·布兰德就成了装配线上的灵魂人物。

很快，汤姆·布兰德就升为领班，并逐步成为 15 位领班的总领班。

在本案例中，汤姆·布兰德把每一项工作都做好，而且把那些别人不屑于做的工作都做了一遍，从而为自己的升迁打下了基础。如果让中国大学生去做杂工，这样的升迁路径肯定是行不通的。

当然，无论中外企业，其基本的情形还是一致的，比如，员工都不愿意做杂工，都认为这是一项不值得做的工作。

在上述案例中，汤姆·布兰德却可以从做杂工中获得对各部门的工作性质和工作环境的认识，从而为设计合理的职业路线打下基础；做椅垫是做小事，汤姆·布兰德却可以将做椅垫的手艺透彻掌握，等汤姆·布兰德晋升为管理者时，汤姆·布兰德会比其他没有接触过椅垫的人更懂得管理椅垫部应该注意哪些问题。汤姆·布兰德利用在每一个部门埋头苦干做小事的机会多方面地去体验，对厂里的各部门做了深入的了解，发现了公司现有管理体制上的许多症结。虽然他仍是一个工人，但他的经验、见解，已超越了普通工人。换言之，汤姆·布兰德已拥有领导全厂工人的能力基础。汤姆·布兰德在小事中所获得的成长是巨大的。

"我们很希望能有应届大学毕业生来应聘、加入我们的团队，但大学生似乎并没有多大的兴趣。"北京朝阳威斯汀大酒店人力资源总监李永生如是说。

这家从 2008 年 5 月底 6 月初正式开张营业的酒店在招兵买马阶段

特意在工人体育馆召开了专场招聘会。但前来应聘的人群中，应届大学毕业生很少，尽管这家饭店是国际知名的喜达屋酒店与度假村集团旗下的酒店品牌之一。

随着北京奥运会的临近，各大酒店都开始抢占先机，在北京开设新店。由此带来的人才需求也水涨船高。

"我们对专业并不是特别在意，我们看中的是大学生通过 4 年的学习锻炼出来的学习能力，很希望能招聘到更多的大学生。"让李永生困惑的是，尽管目前大学生找工作并不容易，但愿意从事酒店业的大学生仍然很少。

在该酒店助理酒店经理纪林看来，造成这个现状的原因仍在于大学生的观念，目前国内高校的学生往往觉得酒店业是伺候人的职业，所以不愿投身其中。

除了这个原因，直接进入管理层的想法也是影响大学生进入酒店业的重要原因。

"如果应聘酒店业，国内的大学生一般都想毕业后就马上成为管理人员，不愿意从最基层做起。而从最基层做起恰恰是酒店业通行的国际规则。"李永生说。

据李永生介绍，在国外，大学生进入一家酒店，首先都会被安排在洗碗等最基层的岗位，而且往往要做 3~6 个月。在此之后，酒店才会根据其工作情况、能力等条件逐步提拔，大学生也才能逐步进入管理层。

为什么大学毕业了还一定要从洗碗刷盘子这样看起来最没有技术含量的工作做起？在李永生看来，这样的问题在国外已经不是问题，而在国内，人们还没有完全理解。

"从酒店业来讲，只有熟悉了这些最基层的岗位，你才有可能真正地做好管理。如果你对厨房里面都有什么、工作人员都是怎样工作的一无所知，管理从何谈起？"李永生说，早在 20 世纪 80 年代，北京的长城饭店开张营业的时候，找不到符合要求的洗碗工，最后花高薪从外资酒店聘请了一位洗碗的工作人员。

李永生认为，大学生在找工作的时候往往对社会的需求和自己能做什么考虑不够，从而在找工作的过程中遇到很多困难。

在本案例中，正体现了中国目前就业、择业的现状：大多数人都不愿意从事基层的工作。就像北京朝阳威斯汀大酒店人力资源总监李永生介绍的那样："我们很希望能有应届大学毕业生来应聘、加入我们的团队，但大学生似乎并没有多大的兴趣。"

为什么会出现这样的结果呢？其实，正像在前面我们所讲的，大学生不喜欢从事基层的工作。对于某些行业来说，特别是酒店行业，就像李永生所讲的："从酒店业来讲，只有熟悉了这些最基层的岗位，你才有可能真正地做好管理。如果你对厨房里面都有什么、工作人员都是怎样工作的一无所知，管理从何谈起？"一个需要从基层做起的行业，却招不到愿意从基层做起的人才，实在是一件令人无奈的事情。

要想成为世界 500 强的 CEO，从事基层的工作就应成为当下大学生的风向标。神州数码公司的 CEO 郭为就是我们学习的榜样。

郭为当初进联想时，是该集团第一个有工商管理硕士学位的员工，但郭为的第一份工作却是给领导开车门、拎皮箱。他不抱怨，从小事最优化做起，一步一个台阶走上去，最后成为联想集团的高级领导。

不管是汤姆·布兰德，还是神州数码公司的 CEO 郭为，他们的成功路径都是通过从小事做起，认真地做好每一件事，最终达到职业高端的。

汤姆·布兰德和郭为的成功，道理其实很简单，机遇总是突然地、不知不觉地出现，有时你甚至一辈子也不知道哪个是机遇。应主动承担打扫卫生、整理办公室、打开水等琐事，别小看这些琐事，往往就是这类看似不起眼的日常小事给人留下的印象最深。

一般地，老板之所以不放手让你单独做大事，是因为他还不能肯定你是否具备这样的实力。有时候，一些精明的老板在提拔你之前往往会用几件小事来考查你的工作作风、办事能力以及是否具有组织领导的潜能。

当然，这其中有一个从量变转为质变的过程，万万不可操之过急。因此，无论多么优秀的人才，在工作初期都有可能被派去做一些琐碎的小事。在这种情况下，有一句重要的忠告需要很多人铭记在心：与其浑浑噩噩地浪费时间，不如从你经手的每一件琐事、每一件小事中得到成长。

理由 40　经常迟到早退

事实上，经常迟到早退已经成为职场升迁的致命杀手。这绝不是危言耸听。因为在同等条件下，经常迟到早退的员工往往得不到晋升。

——高露洁公司 CEO　鲁本·马克

在很多场合下，老板都告诫自己的员工，不要迟到早退，因为经常迟到早退会影响员工的职场升迁。对此，高露洁公司 CEO 鲁本·马克曾在接受媒体采访时强调："事实上，经常迟到早退已经成为职场升迁的致命杀手。这绝不是危言耸听。因为在同等条件下，经常迟到早退的员工往往得不到晋升。"

或许员工迟到并不意味着他不热爱自己的工作。无论如何，可是他还是迟到了，可能是因为头天晚上熬夜加班睡得太晚，也可能是因为半途折回家取一份重要文件，但无论由于什么原因，迟到是一个铁的事实。而这个事实如果不断重复，那么就很可能影响到一个员工在同事和上司心目中的良好形象。

作为一名合格员工，迟到是不应该的。智联招聘进行了一次职场人迟到特别调查。在为期一个月的调查中，共有上万名求职者参与。调查结果显示，四成职场人迟到在 5 分钟内，34.5% 的职场人迟到在 10 分钟内，其他 25.5%，见图 1。

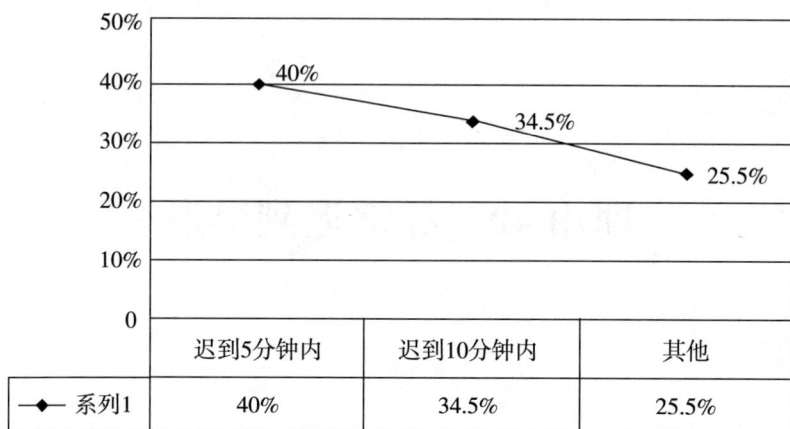

	迟到5分钟内	迟到10分钟内	其他
◆ 系列1	40%	34.5%	25.5%

图 1　员工迟到时间调查

调查还显示，将一年迟到次数控制在 1～5 次的比例较高，为 29.2%。其次就走向了另一个极端，大概一周就要迟到两三次的比例达到了 21%。令人欣慰的是，表示自己从工作以来从没有迟到过的职场人也达到了 19%，见图 2。

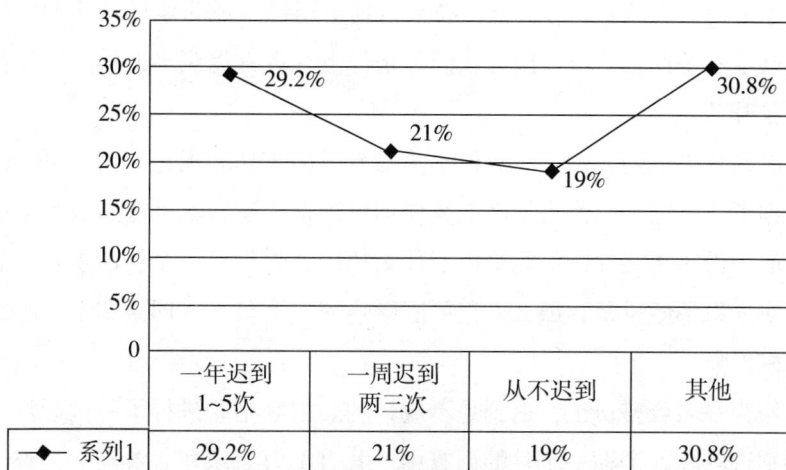

	一年迟到 1~5次	一周迟到 两三次	从不迟到	其他
◆ 系列1	29.2%	21%	19%	30.8%

图 2　员工迟到频率调查

　　另外，从工作年限与迟到次数的交互关系上来看，从事工作年限已逾10年的职场人从来没有迟到过的比例最高，为27.3%。这部分职场人多为20世纪70年代出生的，职场观念相对稳重保守，在时间方面的意识较强。

　　同时，调查显示，表示经常迟到，每周大概迟到两三次的为工作3～5年的职场人，当职场进入倦怠期，迟到是表现最为明显的一个职场细节。从交互分析上也可以看出，工作年限1年以下的职场人，表示自己从未迟到过的比例仅为27%。

　　对此，智联招聘职业顾问指出，职场新人更应该注意工作中的一些细节，作为新人更应该提前到单位，虽然现在更多的企业并不需要新人做些打扫卫生之类的杂事，但早点到公司无疑会给你的职场新形象增加分数。

　　对于工作了几年的职场人而言，很容易进入职场倦怠期，处于职场上升期的职场人切忌因为一些小事影响了自己成长的速度。工作中永远需要保持温和的乐观态度，不过分张扬、不过分沉默，工作了3～5年的你正处在修炼成功的关键阶段，更应该注意。

　　当然，对于一些不需要坐班的行业，迟到不是个大问题。比如在销售行业，一个经常迟到但业绩优秀的销售代表，和一个从不迟到但业绩平平的销售代表，前者拥有绝对优势，可谓瑕不掩瑜。

　　另一个例外就是我国的公务员行业，由于职场生存压力较小，考核制度相对宽松，很多公务员已经养成了经常迟到的习惯。

　　曾经有一篇标题为《公务员迟到与打工者跑步如厕》的报道，对公务员行业存在的不准点上班现象做了无情的讽刺。其实，这不是人的问题，而是环境的问题，个体行为很难脱离职场生态环境的影响。当办公室的每个同事都姗姗来迟时，你的提前到达显得有些不合时宜。

　　而作为公司合格的员工，迟到无疑是不敬业的代名词，智联招聘在调查的最后，当问及上班是否应该提前到时，超八成职场人认为应当提前到。其中表示应该提前5分钟到的职场人比例最高，为42.2%；表示应该提前10分钟到的职场人也达到了32.4%。同时17.9%的职场人表示上班就应该正点到，可能正是这种想法导致迟到的发生。

很多迟到者之所以经常性迟到，是因为同事和老板对自己的迟到睁一只眼闭一只眼。事实上，对于迟到者，上司和同事的沉默往往并非默许，而是容忍。当容忍到达一定限度时，迟到者可能会得到"缺乏时间观念"、"责任感差"、"作风懒散"、"不可靠"等有损职业形象的负面评价。而且，评价者永远无须对被评价者解释什么。

在很多公司，我们经常看到员工上班总是卡点，卡不好往往就迟到，对员工而言，或多或少地影响自己在同事或者老板心目中的形象。

智联招聘的迟到调查结果显示，超过一半的员工会卡点上班，多数员工的迟到为几分钟。其实从智联招聘的迟到调查结果我们也可以看出，很多迟到完全是可以避免的，如果员工将预定的上班时间提前 10 分钟，或者企业老板要求员工必须提前 10 分钟到公司，或者同事之间互相监督，这些方式或许能改变员工卡点和迟到的坏习惯。虽然这些都是外在的方式，但如果坚持，也能起到一定的作用。

当然，迟到并不能跟工作能力和业绩挂钩，但智联招聘职业顾问指出，员工要能够看到自己迟到造成的潜在影响，不要因为几分钟而影响自身的职业发展。如果对工作丧失了积极性，一定要抓紧时间反省，否则在无限期的拖拉中，职业梦想在无形中湮灭。迟到非小事，不要在迟到中让自己的梦想溜走。

参考文献

［1］费拉尔·凯普. 没有任何借口：众多著名企业奉为圭臬的理念和价值观［M］. 北京：机械工业出版社，2004.

［2］姜汝祥. 请给我结果［M］. 北京：中信出版社，2009.

［3］吴甘霖，邓小兰. 做最好的执行者［M］. 北京：北京大学出版社，2010.

［4］王灿阳. 忠诚 责任 执行力：成为团队精英的三大铁律［M］. 北京：北京理工大学出版社，2009.

［5］余逸鹤. 责任·荣誉·团队［M］. 北京：中国工人出版社，2008.

［6］陈凯元. 你在为谁工作：世界 500 强企业推崇的优秀员工思维理念［M］. 北京：机械工业出版社，2005.

［7］宿春礼，周韶梅. 责任胜于能力［M］. 北京：石油工业出版社，2006.

［8］魏涞. 责任：优秀员工的第一行为准则［M］. 北京：石油工业出版社，2009.

［9］杨宗华. 责任胜于能力［M］. 白金版. 北京：石油工业出版社，2009.

[10] 蓝雨. 责任比能力更重要 [M]. 北京：中国商业出版社，2010.

[11] 陈凯元. 责任重于能力 [M]. 北京：中国致公出版社，2009.

[12] 况志华，叶浩生. 责任心理学 [M]. 上海：上海教育出版社，2008.

[13] 唐华山. 责任比能力更重要 [M]. 北京：人民邮电出版社，2008.

[14] 杨宗华，宿春礼. 责任胜于能力 [M]. 北京：石油工业出版社，2008.

[15] 黄德全. 工作等于责任 [M]. 北京：中国华侨出版社，2009.

[16] 汪建民. 责任比能力更重要 [M]. 珠海：珠海出版社，2009.

[17] 华敏，邵雨. 责任心是管出来的 [M]. 北京：机械工业出版社，2008.

[18] 臧文滔. 责任心是金 [M]. 北京：中国工人出版社，2007.

[19] 王洪涛，吕国荣. 打工心态害了谁 [M]. 北京：机械工业出版社，2009.

[20] 张海，李勇. 工作马虎丢掉一只眼 [N]. 经理日报，2008 - 11 - 27.

[21] 韩建军. 窃取可口可乐商业机密前女秘书被判入狱八年 [OL]. [2007 - 05 - 25]. http：//www. china. com. cn/law/txt/2007 - 05/25/content_8301325. htm.

[22] 佚名. 印度火车为何老出轨？系统落后员工失职 [OL]. [2005 - 11 - 03]. http：//news. huochepiao. com/2005 - 11/2005113113740. htm.

[23] 赖隽群. 员工"喊不动"可解除合同 [OL]. http：//www. lznews. gov. cn/lzxw/sh/20090701/113125. shtml.

后　记

在很多场合下，老板曾不止一次地警告过你。或许，你没有在意；其实，老板已经告诉过你被辞退的理由。

真的，我敢断定，当你在进入任何一家企业的时候，老板都会告诉你哪些是常见的被辞退理由。然而，很多职场人士却置若罔闻，有时候不知不觉地触碰了老板的底线，被辞退也就理所当然了。

要想告别这样的局面，要想职场顺畅，晋升在望，本书 40 个辞退理由值得职场人士时时勉记。

第一，泄露公司商业机密。在这个就业形势急剧恶化的时代，北京华夏圣文管理咨询公司对 1500 名老板做过一个关于"最容易被辞退的员工"的调查，调查结果显示，排在第一位的就是"泄露公司商业机密"。事实上，对于任何一个老板来说，他们最忌讳的是"吃里爬外"。对于任何一个公司来说，很多信息都是具有商业价值的，必须严防死守，员工如果泄露了机密，会给公司带来不可预料的损失，不管员工是刻意的还是无意的，有时还会受到法律的追究。因此，身在职场，守住公司商业秘密就显得非常重要，不该问的不问，不该说的不说，公司的各种事情都不可以随便张扬，绝对守口如瓶。在我们走进一家新公司上班时，老板不止一次地告诫新员工，要保守商业机密。因此，保守商业秘密，是员工取信于老板的重要因素。如果员工思想松懈，经常有意无意地造成泄密，轻则会给公司带来不必要的损失；重则会给公司造成致命的打击，造成不可挽回的影响。所以，对于员工来说，守住公司的秘密，就是守住了自己的饭碗。一个泄露公司秘密的员工即使才华横溢也不会成功，这样的员工是无法赢得老板信任的，老板也不可能给予其重要的岗位，提拔就更不可能了，任何一个老板都不会喜欢泄露商业机密的员工。同时也表明：泄露商业机密其实也就是在背叛自己，严重的可能被判处数十年的刑期，这样的代价实在是太大了。

第二，事事抱怨。从我们进入组织那一天起，老板就不止一次地告诉每一个职场人士，少抱怨，多干一些实事。然而，很多职场人士却充耳不闻，结果就出现了在职场中，很多人虽然才华横溢，但在组织里长期得不到提升。为什么呢？因为他们总是抱怨不休。他们动辄抱怨被老板盘剥，是别人的赚钱工具；或者感叹自己才高八斗，却总得不到老板的赏识；抱怨工作乏味，抱怨老板苛刻……他们总是习惯于抱怨，在抱怨中得到了暂时的快感，但是却关上了提升自己的大门，结果形成一个可怕的恶性循环，最终被老板辞退。

第三，从不注意职业形象。在很多场合，笔者接触了不少老板，私下问过他们老板最不喜欢的员工是哪几种，答案中就有从不注意职业形象的员工。可能有人认为，只要工作能力足够强，不怕老板怎么考虑。如果你真有这样的想法，你就要注意了。因为你的想法大错特错，不同工作对职业形象的要求程度显然不同。如果你刚好从事一项对职业形象要求较高的工作，而你又不注重，总是邋遢不堪，那么你就可能被老板辞退。或许你认为我是在小题大做，但是笔者是询问了数十个老板得出的这个结论。的确，在这个讲究规范的社会里，职业形象同样被列为其中。对此，业内专家撰文指出："成功的职业形象不一定保证你在职场上游刃有余，但是邋遢的职业形象绝不会得到老板的青睐。员工想得到老板的认可，除了能力之外，职业形象也是非常重要的。"

在写作过程中，笔者参阅了相关资料，包括电视、图书、网络、报纸、杂志等资料，由于篇幅所限，不能在参考文献中一一罗列，谨向这些文献的作者致谢。本书在出版过程中得到了许多教授、企业总裁、职业经理人、媒体朋友、人力资源管理专家、业内人士以及出版社的编辑等的大力支持和热心帮助，在此表示衷心的感谢。本书能在较短的时间内出版，真诚地感谢汪洋、金易、徐世明、熊娜、何庆、苟斌、厉蓉等人在制图和文字修改方面的协助。另外，为了增加本书的可读性和趣味性，体现本书的现实参考价值，本书在创作中，选编了几十个真实案例，由于条件限制没有办法联系到作者，在此，特声明如下：①本书引用案例的作品版权仍归原出版人所有；②感谢这些案例版权人的辛苦劳动。由于时间仓促，书中纰漏难免，欢迎读者批评指正。(E－mail：zhouyusi@sina.com.cn)

作　者

2011 年 6 月于紫竹院